御风前行

广电5G融合之路

常 伟 李腾飞 张 莎／著

人民邮电出版社
北 京

图书在版编目（CIP）数据

御风前行 : 广电5G融合之路 / 常伟，李腾飞，张莎著. -- 北京 : 人民邮电出版社，2022.5
ISBN 978-7-115-58938-5

Ⅰ. ①御… Ⅱ. ①常… ②李… ③张… Ⅲ. ①第五代移动通信系统－应用－广播工作－研究－中国②第五代移动通信系统－应用－电视工作－研究－中国 Ⅳ. ①TN929.538②G229.2

中国版本图书馆CIP数据核字(2022)第047153号

内 容 提 要

在广电 5G 商用正在逐步展开的现实背景下，本书致力于探索“广电+5G”融合发展之路，并由广电行业与通信行业专业人士联合撰写。

本书首先站在广电角度，从“广电全国一张网”议题切入，清晰揭示广电 5G 的广电行业背景与相关舆论环境，并揭示广电 5G 承担机构即中国广电网络公司的整体战略规划。之后，本书站在通信角度，从远到近、从宏观到微观描述了广电 5G 的核心背景，包括通信发展史、移动通信从 1G 到 5G 的演进发展史、通信产业链、四大基础运营商组织架构及演变情况等。在前述铺垫下，本书详细描述了广电 5G 网络建设蓝图、新业务发展方向这两大重要议题。最后，本书对迈入 5G 时代的广电行业试作展望。

本书适合广电产业链的从业者，包括广电局、广播电视台、广电网络公司及广电周边厂商等从业者阅读。

◆ 著　　常 伟　李腾飞　张 莎
责任编辑　苏 萌
责任印制　马振武

◆ 人民邮电出版社出版发行　北京市丰台区成寿寺路 11 号
邮编 100164　电子邮件 315@ptpress.com.cn
网址 https://www.ptpress.com.cn
北京联兴盛业印刷股份有限公司印刷

◆ 开本：720×960 1/16
印张：13.25　2022 年 5 月第 1 版
字数：195 千字　2022 年 5 月北京第 1 次印刷

定价：79.80 元

读者服务热线：(010)81055493　印装质量热线：(010)81055316
反盗版热线：(010)81055315
广告经营许可证：京东市监广登字 20170147 号

序 1

在全球移动通信标准竞争的历史中，中国经历了 2G 时代的全面被动，到 3G 时代初登历史舞台，再到 4G 时代并行竞争，最终在 5G 时代成为领跑者。这离不开一代又一代通信人的努力和奋进，同时也是国家政治、经济、技术等综合实力不断提升的结果。作为中国移动通信产业的参与者，能够亲身见证其中的发展历程，本人深感自豪，也对未来前景满怀憧憬。

对于 2G 到 5G 的演进，个人有两点感受。

第一，2G 到 5G 的发展过程，正是通信技术、计算机技术及互联网技术不断融合的进程。尤其是从 4G 到 5G 的演进，一方面涉及无线接入技术的提升，主要包括大规模天线阵列、超密集组网、新型多址和全频谱接入等技术创新；另一方面更为重要的则是牵涉整个网络架构的革命性演进，而云计算、虚拟化、软件化等互联网技术正是 5G 网络架构设计和平台构建的重要使能技术。在 5G 网络架构演进方面，除了已经形成共识的 SDN（软件定义网络）和 NFV（网络功能虚拟化）两大技术外，随着“5G+ 云网融合”与“云、边、网协作”等趋势的推进，5G 网络还与 TSN（时间敏感性网络）、算力网络、SD-WAN（软件定义广域网）等新技术融合。简单来说，5G 网络在引入互联网技术的同时，也将遵循网络业务融合、按需服务和能力开放的核心理念。

第二，移动通信向 5G 及未来 6G 的发展与演进，正是为了适应数字社会、智慧社会的发展需求，进而更深入地连接物理社会与数字社会。未来的智慧社会不仅是人人互联的时代，更是万物互联的时代；或者说，5G 时代除了要继续做大消费互联网，更要推动产业互联网的发展，要推动工业互联网、智慧城市、智慧教育、智慧医疗、智慧办公、数字农村等领域的发展与进步。因此，近几年，云计算、大数据、物联网、人工智能、边缘计算等技术和应用成为整个通信圈讨论的热门话题，5G 与上述新兴技术的多元融合已经成为不可阻挡的潮流。

正是基于以上两点，在新一轮科技革命和产业变革的背景下，5G 作为国家“新基建”战略的核心内容之一，获得了国家与地方政府的大力扶持。5G 新基建将大力推动智慧社会进步与数字经济发展，并支撑国民经济整体高质量发展。

在政策的大力支持及各大运营商、厂商、研发机构的联合推动下，中国 5G 建设与 5G 应用超预期发展。截至 2021 年 9 月，我国累计建成 5G 基站达 115.9 万个，已覆盖全国所有的地市级城市以及 95% 以上的县城城区和 35% 的乡镇镇区。这些基站已经占据全球 5G 基站比例近七成。与此同时，各大运营商的 5G 应用遍地开花。5G 开始逐步深入工业互联网、智慧城市、智慧港口、智慧矿山、车联网等方面。

这其中，中国广电作为后来者，虽然缺乏移动通信建网经验，但也迈出了实质性的步伐，其内部友好用户 192 号段放号测试已经在 2021 年 9 月下旬启动，而 10 月底贵州广电网络已经开始 192 号段预约。这一系列进程表明，广电 5G 的全面性放号即将到来。从 2010 年三网融合开启到目前，广电运营商已经错过了宽带中国与移动互联的无数机遇，最终在“新基建”政策大规模推进的背景下赶上了新时代发展机遇。面对从智慧家庭到智慧社会的万物互联发展需求，从电视高清化、沉浸式发展趋势，以及逐步兴起的工业互联网、智慧城市、车联网等领域的智慧化发展期望，广电运营商可谓机遇与挑战并存。

本书的初衷就是引导广电人真正理解“广电 +5G”融合之路：在广电层面，需要清楚广电 5G 的行业背景、广电 5G 的发展战略；在通信层面，需要真正理解通信演进史及当下 5G 网络的发展趋势；更要探索未来广电 5G 业务的前景，以及新形势下的智慧广电之路。当然，在广电 5G 融合探索过程中，广电人更不能忘却初心——就是不断强化和挖掘自身的文化服务属性。

目前业内 5G 相关图书较多。但很多图书内容偏重于 5G 技术与原理，对非技术人士而言过于深奥和晦涩难懂；还有一些图书内容侧重 5G 垂直应用领域，如 5G+ 物联网、5G+ 车联网、5G+ 医疗、5G RCS 消息等。而《御风前行：广电 5G 融合之路》这本书则是真正面向广电行业人士，希望用通俗易懂的语言帮助广电人全面认识 5G 和理解 5G，并帮助他们走出独具特色的融合之路。

深圳无线电检测技术研究院院长　张莎

2021 年 11 月于深圳

序 2

2020 年某个夜晚，笔者打开计算机，拿起笔，感慨万千。

蓦然回首，自己已经在广电行业从业 18 年，从一名职场小白，经历“一省一网”“模拟转数字”“城域网、干线网建设”“高清互动电视”“家庭宽带”“集客业务”等，变成了别人口中的“广电老兵”。而自己创办的自媒体“常话短说”，从一个几百人关注的微信公众号成长为数万人关注并在行业内小有名气的行业媒体，并陆续出版了《广电十年》《互联网 +TV》《时评广电》三本书，这也让笔者倍感压力与责任，感谢各位读者朋友一直以来的支持与信任。

科技发展日新月异，从信息技术（IT）到信息通信技术（ICT），到数据信息通信技术（DICT），再到如今的新时代、新基建、新经济，自己学习成长的路径也从计算机科学技术到软件工程、广播电视技术，到 ABCDE 技术（人工智能、大数据、云计算、区块链、边缘计算），再到移动通信技术。尤其是 2019 年 6 月 6 日中国广电获得 5G 牌照后，广电人正式开启“广电 + 通信”新征程，无论是个人还是企业，都需要从被动变为主动去迎接 5G 时代，只有努力学习才能不被淘汰。笔者从 2018 年开始疯狂阅读各种 5G 相关图书，学习相关标准，参加各种论坛、会议，与通信行业的朋友们交流学习，去了解 5G 产业链的构成及 5G 发展现状与趋势。犹记得，在 2019 年年中，笔者专门到杭州利用半个月的时间学习了 5G 核心网，从基站到命令行，把手机发送、接收信息这个过程学懂弄通，真是特别有获得感和成就感。

“常话短说”也从 2020 年孵化了 5G 传播网，希望能够通过传播 5G 知识，帮助从业者打破认知边界，做 5G 时代有准备的人。所以，在 2020 年，笔者与编辑团队一起邀请行业专家策划了多场关于 5G 的公益直播。目前，5G 传播网已经沉淀了大量的 5G 报告、5G 白皮书、5G 演讲 PPT 等，它正在成为广电人学习提升的一个途径，也是广电人做方案的一个资料库。此外，5G 传播网还专门建立了关于 5G 的圈子，致力于让更多志同道合的朋友分享和交流关于 5G 的最新动态，推进 5G 与广电的融合发展。

正是自己学习补课的过程及对“常话短说”进行的一系列探索，让笔者深入思考：作为一名广电人，无论是在国家广播电视总局、中央广播电视总台、广电网络公司，还是在传统广电媒体（报纸、杂志等），或是网络视听等新媒体，有什么好的途径和方法能够快速补齐 5G 知识短板、健全 5G 知识结构、快速系统地理解“广电 + 通信”融合路径？比如一名广电的网络工程师、产品经理、网优工程师、维护工程师等，如何才能真正明白 5G 端到端需求与系统架构？再比如广电 5G 商用过程中，针对个人与家庭场景，以及政企与行业场景，相关人员如何快速听懂客户的需求，快速转换成解决方案，甚至是产品和服务？

翻阅目前市场已有的近百本 5G 相关图书，有些图书偏技术原理，有些图书侧重于概念，这些图书对于广电人来说，都有一定的距离感。

当前，广电全国一网和广电 5G 一体化发展已经写入中国广电“十四五”规划，广电 5G 如何差异化发展，如何结合广电自身的特点打造特色化的 5G 业务，是每位广电人需要不断思考、探索和实践的课题。所以，笔者也在思考能否有一本书，按照广电人的口吻及广电人容易理解的言语来介绍 5G，让广电人读完之后可以了解到 5G 是什么，并对自己的个人职业规划或岗位工作有进一步理解。同时，广电的客服人员、营业厅人员、网格人员、市场部人员等也都能看得懂这本书，对于广电 5G 发展方向有自己的理解，能够寻找更多合作伙伴等，所以笔者和编辑团队，以及深圳无线电检测中心的同仁们一起编撰了此书。

因为 5G 的内容很专业，知识面也广，书中恐有不足之处，恳请业内专家批评指正。

“常话短说”、5G 传播网发起人　**陈长伟**

2021 年 11 月于北京

前言

2020 年 5 月 22 日，“新基建”被正式纳入《政府工作报告》，要加强新型基础设施建设，发展新一代信息网络，拓展 5G 应用，建设充电桩，推广新能源汽车，激发新消费需求，助力产业升级。

在“新基建”这一大背景下，5G、大数据中心、人工智能建设等成为推动经济、社会数字化转型，实现效率革命的重要力量。同时，这些新型基础设施也为“智慧广电”建设带来了更多可能性。

首先是智慧广电媒体服务。5G 的高带宽、低时延，再加上大数据、云计算、人工智能等技术与广播电视的深入融合，可以促使广电节目采播设备全面“无线化”，进而使节目采播环节轻量化、高效化。此外，智能剪辑、智能审核、虚拟主播等将成为常态，这可以大大提升工作效率，降低人工成本。从用户的角度来看，5G+4K/8K 将为用户带来更高质量的视听体验，而 5G+VR/AR 将极大地增强用户的沉浸式体验，个性化的视听服务可以真正实现以用户为中心。

其次是智慧广电网络服务。当前广电全国一网加速推进，以人工智能、5G、云计算、大数据、物联网、IPv6 等综合数字信息技术为支撑，广播电视网络将逐步向天地一体、互联互通、宽带交互、智能协同方向发展，聚焦家庭，打造数字家庭生活应用中枢，真正提供智慧家庭服务，重点表现在家庭中的音视频设备、照明设备、家用电器、安防产品等都将实现互联互通，并且人们还能通过远程交互体验智慧数字生活。未来，从智慧家庭逐步向智慧社区、智慧城市拓展，广电将与政务、商务、教育、医疗、旅游、金融、农业、环保等相关行业进行合作和业态创新，打造本地化、智能化的智慧服务。

中国广电作为 5G 牌照的主体，当前正在积极推进广电全国一网与广电 5G 一体化发展，在标准申请、技术研究、应用探索、终端普及等方面做了许多工作，各地广电网络也相继成立了相关 5G 部门和应用创新中心。

当前，5G 建设如火如荼，各大运营商和企业都希望能够占领制高点。对于广电人来说，5G 不仅开启了移动通信的大门，而且将推动广电实现质的转型。学习通信知识，了解 5G，是一名广电人走向“广电 +5G”的必经之路。

本书共分为 5 章，第 1 章介绍中国广电获得 5G 牌照的来龙去脉，以及相关战略布局；第 2 章介绍广电迈入通信领域需要具备的基础知识，帮助读者更好地去理解通信的规律和特点；第 3 章介绍广电 5G 网络建设及其发展趋势；第 4 章主要结合广电的特点探索广电 5G 差异化业务应用场景；第 5 章重点阐述智慧广电背景下的广电 5G 发展规划，以及广电运营商的核心定位。

目录

第 3 章 建设广电 5G 新网络

第 4 章 融合广电 5G 新业务

第5章 迈进广电5G新时代

PART

第1章 开启广电 5G 新征程

本章概要

2019 年 6 月 6 日，中国广播电视网络有限公司（简称“中国广电”）获得 5G 牌照，正式开启移动通信的大门，整个广电行业步入新的征途。行业外人士会有疑问：获得 5G 牌照牌的中国广电是什么来头？其与中国移动、中国电信、中国联通三大传统电信运营商竞争有何优势？而行业内人士则更关心中国广电获得的 5G 牌照，各省网公司能不能使用？中国广电获得 5G 牌照后将有什么变化？能让正在爬坡的有线行业逆袭吗？有线从业者又该如何搭上 5G 这趟快车？

1.1 广电 5G 成为“广电全国一网”关键

国家为什么要给“中国广电”一张 5G 牌照？要回答这个问题，必须先了解“中国广电”这个机构及其行业背景。

1.1.1 从“国网公司”到“中国广电”

首先，我们需要先厘清“广电体系”。简而言之，“广电体系”包括局、台、网，即广电局、广播电视台、广电网络公司，它们分别扮演着不同的角色。简单而言，“局”负责监督、管理，“台”负责节目制作、集成与播出，“网”负责传输播出，三者共同推动着广播电视事业的发展和进步。

中国广播电视事业发展的历史背景之一是“四级办电视”，即中央、省、地、县四级主体承办广播电视传输服务。并且，不同于电信网络由国家统一出资建设，广电网络主体都是自筹资金、自主建设的。在此背景下，历史数据显示，全国 32 个省市自治区，334 个地级市，2 800 多个县，一共建立 34 000 多个电视网络分前端，覆盖了 2.3 亿户家庭，分属 1 000 多家有线电视网络运营商。这样的碎片化格局既无法形成规模化经济，更无法开展全程全网业务，无法适应未来社会发展的需求。有线电视网络整合概念与举措由此诞生。

但是有线电视网络整合之路并不顺畅。1994 年行业提出“整合”这一概念后，到 2001 年，当时国家广电总局发布《关于加快有线广播电视网络有效整合的实施细则（试行）》。之后有线行业开始以省为单位正式开始了轰轰烈烈而艰难的整合工作。到 2009 年国家广播电视总局（以下简称“广电总局”）才下发《关于加快广播电视有线网络发展的若干意见》，网络整合工作真正得以提速，并提出在 2010 年年底前各省基本完成“一省一网”整合的目标。但有线行业“一省一网”整合工作前后历经 10 余年，直到 2021 年年底仍然还有一些地区未完全实现“一省一网”整合。

在此过程中，有一个关键的文件出台影响了其后广电和通信、互联网产业 10 余年发展历程，这就是 2010 年 1 月国务院下发的《推进三网融合的总体方案》。该方案明确要求“加快培育市场主体，组建国家级有线电视网络公司”。由此，有线行业从“一省一网”开始向“广电全国一网”升级，并确定了成立“国网公司”的目标。

2012 年，“国网公司”组建方案获得国务院原则通过。该方案确定财政部出资 40 亿元，广电自筹 5 亿元，并由广电总局负责组建和代管。但直到 2014 年 4 月 22 日，“中国广播电视网络有限公司”才在工商局注册成立，注册资金为 45 亿元。2014 年 5 月 28 日，中国广播电视网络有限公司（以下简称“中国广电”）在北京正式挂牌成立，名义上成为继中国移动、中国联通、中国电信之后的第四大运营商。中国广电将着力推动有线电视网络由分散到融合，推动有线电视网络在“广电全国一网”的基础上统一规划、统一技术、统一运营、统一管理。

据中国广电公司副总经理吕建杰介绍，当年国务院的审批文件就简称中国广播电视网络有限公司为“中国广电”。但行业内人士彼时觉得这一称呼比较“大”，于是沿袭惯例称其为“国网公司”。在中国广电成立前后的 4 年左右时间里，业内都习惯“国网公司”这一称谓。直到 2016 年，工业和信息化部（以下简称“工信部”）正式向其颁发基础电信业务牌照，代表广电有线行业与中国电信、中国联通、中国移动在基础电信领域展开平等竞争。此后，业内才开始慢慢将其称为“中国广电”。毕竟，有了基础电信业务牌照后，“中国广电”这一称谓才更加名副其实。

1.1.2 “广电全国一网”发展态势与广电 5G

2009 年 1 月 7 日，工信部为中国移动、中国电信和中国联通发放 3 张第三代移动通信（3G）牌照。2009 年成为我国的 3G 元年，媒体竞争态势开始逐步提高。这个时期的广电有线行业正在进行数字化转型和“全省一网”早期整合工作。

2011 年，工信部部长苗圩在全国工业和信息化工作会议上提出“宽带中国战略”，目的是为了加快我国宽带建设。2012 年 9 月，由国家发展和改革委员会等八部委联合研究起草的“宽带中国战略”实施方案对外公布。2013 年 8 月 17 日，国务院发布了“宽带中国”战略及实施方案。“数字经济”开始进入起飞阶段，同时“三网融合”竞争也逐步进入新阶段。

2013 年 12 月 4 日，工信部正式向三大运营商发布 4G 牌照，中国移动、中国电信和中国联通均获得 TD-LTE 牌照，移动互联网进入全新发展阶段。新技术、新业态、新媒体快速发展，推动互联网版图迅猛扩张。期间，有线电视网络经营虽然总体稳定，但面临诸多困难，尤其是受到 IPTV（交互式网络电视）、OTT（互联网电视）、移动视频的新兴业态的冲击。2016 年年底，全国有线电视用户总数首次出现负增长，开始出现年度性用户净流失。也就是说，进入 4G 时代后，在宏观媒体文化发展环境快速变化的背景下，有线行业竞争压力日益加大。

有线电视网络的显著短板之一是：网络承载能力不足，各省分散运营难以跨域传输，同时在“广电全国一网”整合尚未完成的背景下，网络升级改造相对滞后。只有通过网络整合统一管理推动有线网络的宽带化和 IP 化改造，并通过全国互联互通平台促进宽带业务和媒体内容的集约化运营，有线电视网络转型升级才有希望。在三网融合政策落地近 10 年以来，面临日益激烈的竞争，广电行业与通信产业的差距日益扩大，有线网络整合的时间成本和机会成本越来越高，这已经成为全行业基本共识。此外，加快全国有线电视网络整合既是贯彻党中央关于全面深入文化体制改革精神的需要，也是全面落实十九大报告提出的推进文化事业和文化产业发展目标的需要。因此，随着媒体文化发展环境的改变，“广电全国一网”整合工作已经提到了前所未有的高度。

针对上述形势，2018 年 8 月 15 日至 8 月 21 日，按照中国共产党中央委员会宣传部（以下简称“中宣部”）的要求，广电总局组织召开全国有线电视网络整合发展片区的座谈会；2018 年 8 月，由中宣部牵头成立了全国有线电视网络整合发展领导小组。“广电全国一网”整合工作由此进入倒计时。

与此同时，随着移动通信领域的持续演进，5G 标准与技术逐渐成熟。从广电内部来看，广电网络参与 5G 移动运营十分必要。

第一，5G 可以给予广电网络转型和跨越式发展的空间。通过新技术和新思维，可以将网络整合、智慧广电与移动互联、政企开拓等发展机遇串接，这将大大提升有线运营商的竞争力。

第二，有了 5G 牌照，“广电全国一网”整合进程势必加快，全程全网、统一发展、规模经营将有力推动整个行业迈出困境，以真实的“第四运营商”身份争取发展机遇。

第三，从技术可行性而言，广电拥有 700MHz 这一黄金频段资源，具有信号传播损耗低、覆盖广、穿透力强、组网成本低等优势。将之与 5G 嫁接，将最大限度地放大该频段值，助力有线运营商迎接移动市场机遇。

总的来说，5G 是广电有线网络行业走出困境、拥抱信息产业并融入整个数字经济生态的有利契机。广电行业由此提出有线电视网络与 5G 新技术、新业态融合发展的目标，形成“有线、无线、卫星、移动一体化发展”的新格局。2018 年前后，业内传言：中国广电将获得一张 5G 牌照。

1.1.3 广电行业积极迎接 5G 挑战

从标准到研发，再到商用，整个广电行业在正式拿到 5G 牌照之前已经做了很多努力。

在标准层面，国家广电总局广播科学研究院加入 3GPP（Third Generation

Partnership Project，第三代合作伙伴计划）组织，成为国内广播行业首个 3GPP 正式会员，利用会员身份加强国际合作与交流，跟踪国际 5G 技术发展，积极参与制定国际标准。

2018 年 4 月，广电总局科技司发起成立了无线交互广播电视工作组，制定与 5G 融合的新一代无线广播标准，并开展规模技术试验等。并且，广电总局确定为 2022 年北京冬奥会提供基于 5G 广播技术的超高清电视广播服务。按照计划，无线交互广播电视工作组于 2018 年 6 月在 3GPP R16 立项；2018 年 9 月广播方案第一阶段进入 IMT-2020（5G）；2019 年 6 月广播方案第二阶段进入 IMT-2020（5G）；2020 年进入工程实施阶段。

在应用方面，广电机构也积极开展 5G 实验与实践。例如，通过与东方明珠、上海电信、百视通、富士康等多方的协同开发、系统合作，联手推进“5G+8K”试验网建设；中央广播电视总台联合中国移动、中国电信、中国联通、华为公司合作建设“5G 媒体应用实验室”，开展 5G 环境下的视频应用和产品创新。

2018 年 11 月，在贵阳举办的“智慧广电”建设现场会上，中宣部副部长、国家广电总局党组书记、局长聂辰席公开表示：“在中央领导高度重视和亲自推动下，工信部已经同意广电网参与 5G 建设，国网公司正在申请移动通信资质和 5G 牌照。”

2019 年 3 月，中国广播电视网络有限公司副总经理曾庆军提出，国内有线电视行业可以学习北美经验，基于“广电全国一网”整合在 5G 阶段发力，到 6G 的时候就可能实现有线和无线的深度融合。

1.2 广电 5G 牌照故事与舆论场

1.2.1 从 5G 牌照到电信业务类别

2019 年 6 月 6 日，工信部正式向中国电信、中国移动、中国联通、中国广电发放 5G 商用牌照。中国广电终丁获得 5G 牌照，成为中国广电的新起点。与此同时，工信部还同步更新了基础电信业务经营许可证。基础电信业务经营许可证包含了公司注册资本、有效期及业务种类范围，如图 1-1 和图 1-2 所示。

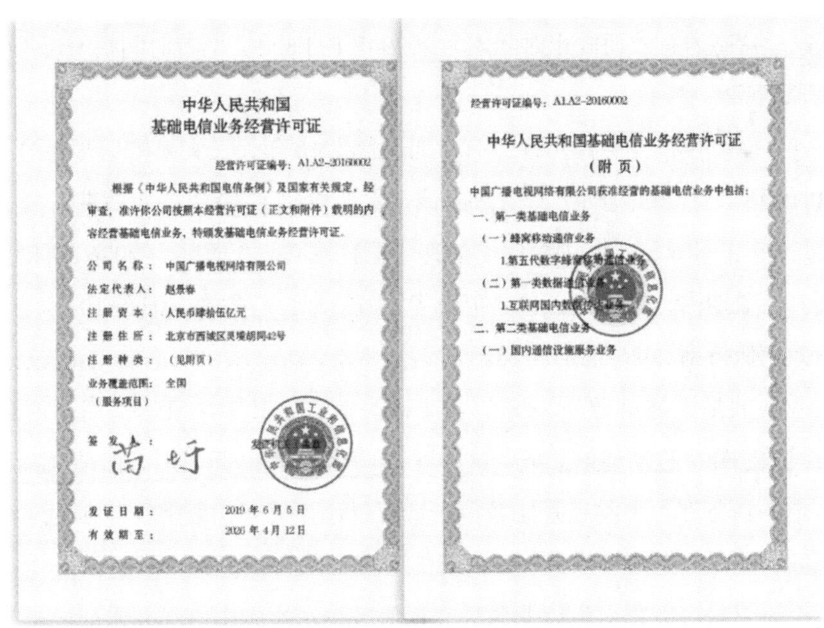

中华人民共和国
基础电信业务经营许可证

经营许可证编号：A1.A2-20160002

根据《中华人民共和国电信条例》及国家有关规定，经审查，准许你公司按照本经营许可证（正文和附件）载明的内容经营基础电信业务，特颁发基础电信业务经营许可证。

公司名称：中国广播电视网络有限公司
法定代表人：赵景春
注册资本：人民币肆拾伍亿元
注册住所：北京市西城区灵境胡同42号
注册种类：（见附页）
业务覆盖范围：全国
（服务项目）

签发人：

发证日期：2019 年 6 月 5 日
有效期至：2026 年 4 月 12 日

经营许可证编号：A1.A2-20160002

中华人民共和国基础电信业务经营许可证
（附页）

中国广播电视网络有限公司获准经营的基础电信业务中包括：
一、第一类基础电信业务
（一）蜂窝移动通信业务
1.第五代数字蜂窝移动通信业务
（二）第一类数据通信业务
1.互联网国内数据传送业务
二、第二类基础电信业务
（一）国内通信设施服务业务

图 1-1　中国广电基础电信业务经营许可证

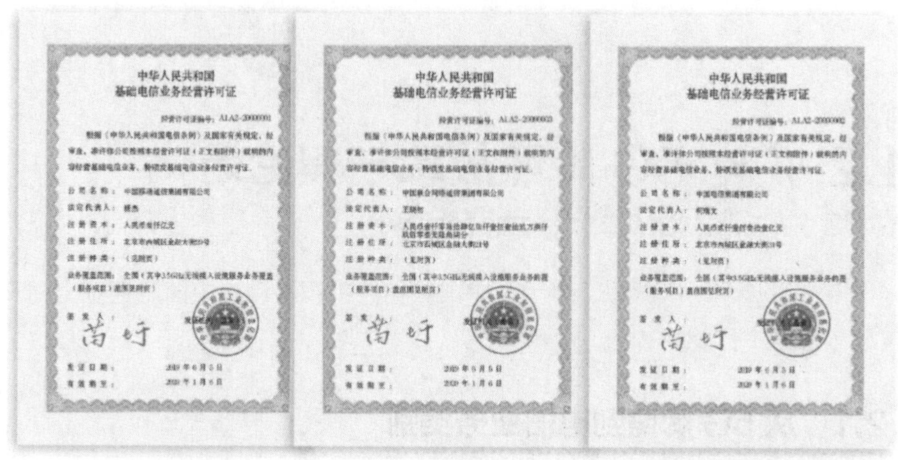

中华人民共和国
基础电信业务经营许可证

中华人民共和国
基础电信业务经营许可证

中华人民共和国
基础电信业务经营许可证

图 1-2　三大运营商基础电信业务经营许可证

中国移动、中国电信、中国联通、中国广电这 4 家电信运营商的发证日期均为 2019 年 6 月 5 日，但中国广电的有效期截止时间为 2026 年 4 月 12 日，另外3家运营商的有效期截止时间均为2029年1月6日。两者时间相差近3年，这是何原因呢？

其实，基础电信业务许可证的有效期通常为 10 年，三大电信运营商的许可证在 2019 年 1 月 6 日过期了，所以应该是重新申请了 10 年的有效期，截止日期为 2029 年 1 月 6 日。而中国广电的许可证有效期截止时间为 2026 年 4 月 12 日，还在有效期内，这次换证也是更新了发放日期，有效期依旧是 10 年，也就是说有效期保持到 2026 年 4 月 12 日。

更重要的是上述牌照所披露的业务种类信息。其中 4 家运营商均增加了“第五代数字蜂窝移动通信业务”这一项，4家运营商并无差别。但是也看到，中国广电的业务许可种类还是比较单一，仅仅包含第五代数字蜂窝移动通信业务、互联网国内数据传送业务、国内通信设施服务业务 3 项。

可见，中国广电获得电信业务种类还比较少，比如工信部并未向广电授予国际业务许可。而其他 3 家基础电信运营商几乎获得所有基础电信业务资质。

这说明了广电网络运营商在通信业务领域与其他三大电信运营商相比还有差距，需要加倍努力。

1.2.2 5G牌照引发的行业舆论与思考

中国广电获得5G牌照，终于与中国电信、中国移动、中国联通登上同一舞台。但就广电有线行业舆论而言，有人认为是黄金遍地，也有人依旧觉得前景悲观。这部分是因为，工信部原有的中国5G时间计划表是：2018年试点，2019年预商用，2020年正式商用。与外界预期相比，工信部提前了一年发放5G牌照。对此，依然未实现“全国一网”整合的广电运营商，相比其他电信运营商，还有更多的工作要去做。

在广电获得5G牌照之时，广电行业议论纷纷。以下列举部分舆论视角及本书编辑组相关思考内容，以展现当时行业复杂的舆论格局。

（1）5G对于广电行业到底有哪些影响，为什么说机遇与挑战并存？

一直有一种说法：4G改变生活，5G改变社会。可见，5G对于广电行业的影响肯定是全面的。在机遇方面，广电行业自身处于转型升级之中，超高清视频、广播电视交互、智慧广电等新战略，在5G的加持下都可以得到极大的能力提升，促使广电行业摆脱“夕阳”困境，重新获得发展原动力。在挑战方面，5G将推动更多的业务基于OTT运营，视频业务的运行模式将越来越开放，对于广电网络公司“视频”业务这一基本盘的冲击只会更大。

换个角度来看，广电的处境已经很危险，在“三网融合”的竞争格局之下，广电时间窗口逐步关闭。而5G意味着全新的赛道，广电或许可以获得追赶机会。

（2）国家为什么要给中国广电发一张5G牌照？这张5G牌照到底有没有用？

国家为什么增发一张5G牌照给广电？有人认为：这是对广电让渡700MHz

的一种补偿性交换。还有人认为：国家依然认为广播电视网是我国信息网络基础设施的重要组成部分，向广电行业授予 5G 牌照有助于广电自救。甚至，业界还流传着一种说法：广电 5G 牌照无用论，因为无资金、无技术、无人员储备、无用户……

但回望中国广电在 2016 年获得《基础电信业务经营许可证》一事，其面临的局面跟今天获得 5G 牌照是一样的。中国广电正是因为有了基础电信业务牌照，才能在国家互联网骨干网中心直连点（Network Access Point，NAP）、网间互联互通与结算标准等方面获得相关进展，并通过一步步的运作取得不错的成绩。

获得 5G 牌照也是一样，虽然困难很多，但这张牌照绝对不是没有用的。资金、技术、人员、用户方面的问题需要在未来发展中解决——这是中国广电以及所有广电人必须解决的问题。退一步讲，在各行各业拥抱 5G 时代的背景下，广电又有什么理由忽视自己的存在价值呢？

（3）广电 5G 牌照的使用方式会是什么？中广移动网络有限公司和各地省网公司扮演着什么角色？

按照目前电信资质使用规定，只有控股 51% 以上的子公司才能获得母公司业务资质授权。如果地方省网公司与中国广电没有股权隶属关系，那么就无法按照当前规定把中国广电的基础电信业务牌照授权给地方省网公司使用。也就是说，在中国广电获得 5G 牌照后，地方省网公司并不能直接使用——这是与三大电信运营商的关键差异。

这其中有两个关键角色，一个是中国广播电视网络有限公司与中国中信集团有限公司合资成立的中广移动网络有限公司（简称“中广移动”），另一个是基于全国有线省网整合成立的“广电全国一网股份公司”。

2017 年 8 月，中广移动网络有限公司注册成立，注册资本为 100 亿元。其中中国广电认缴 51 亿元，占股 51%；中信集团认缴 49 亿元，占股 49%。可见，中国广电在中广移动的 51% 的出资额，刚好符合现行电信管理相关规定，因此中国广电这张 5G 牌照被认为是有可能授权给中广移动使用的。特别是考虑到中广移动设立之初的业务定位，以及中信集团在电信领域的先期布局，中广移动使用5G牌照的可能性极大。虽然这一可能在后续演进中成为历史烟尘，但足以体现当时行业的混沌格局。

相比而言，有线行业基于“全国一网”整合成立的全国性股份公司，授权各省网使用5G牌照的路径则更顺畅一些。对此，中国广电副总经理曾庆军在采访中曾表示：工信部给中国广电颁发5G牌照，实际上这个牌照是颁发给全国有线电视行业的，全行业将利用这次契机建设一个高起点的现代传播网络。

（4）5G是否推动中国广电混改？谁又将参加广电的混改？

中国广电建一张什么样的5G网，跟合作伙伴息息相关。在2018年11月底的全国智慧广电会议上，中国广播电视网络有限公司董事长赵景春在发言中透露：“广电全国一网”公司是由国网公司、省网公司的相关股东、战略投资者共同发起组建的。国网公司拟积极引进战略投资者，解决有线网络整合中存在的问题，并带来创新与资金支撑。所以，阿里巴巴、中信集团、国家电网、中国移动都有可能成为中国广电的合作伙伴。

阿里巴巴：中国广电此前已经与阿里巴巴签订战略合作协议。对于阿里巴巴而言，具备5G牌照的中国广电也是一个不错的合作主体。

中信集团：中国广电此前已经与中信集团签订战略合作协议，双方也已经投入100亿元组建中广移动。对于中信集团而言，通过中国广电5G牌照，将其手中的基础电信资源以及有线电视网络资源价值放大和变现，无疑是最佳选择。

中国移动：中国移动的业务与广电存在很大互补性，双方再来一次类CMMB合作[1]，并非天方夜谭。

1 此处的CMMB是广电总局支持的移动多媒体广播行业标准。2009年6月，中国移动与国家广电总局旗下“手机电视”（CMMB）运营商中广传播达成了合作协议，在其后上市的TD-SCDMA 3G手机中普遍加载CMMB功能。2012年上述协议到期之后，中国移动又进一步入股中广传播，继续支持CMMB业务。

国家电网：5G 网络是智能电网的关键基础设施，而国家电网在具备庞大资金规模的同时，其覆盖广泛的基础设施远远超过中国移动。事实上，彼时甚至有传言国家电网公司将出资 606 亿～834 亿元，与中国广电成立合资公司共同建设 5G 网络。

最终，2020 年 8 月 26 日，东方明珠、歌华有线、江苏有线等多家上市公司分别发布公告，47 家发起人共同组建中国广电网络股份有限公司，注册资本超千亿元，国家电网、阿里巴巴入局，分别注资 100 亿元，持股比例均为 9.8813%，同时位列中国广电第二大股东。上述众多疑问也逐渐浮出水面。

（5）广电 5G 牌照对于全国一网的整合有何影响，会对整合带来一些意料之外的难度吗？

5G 牌照和广电全国一网整合是一体两面的事情。5G 业务资质将推动广电网络从数字化、网络化、有线化向智慧化、精品化、融合化发展，推动广电网络技术革新与转型升级，促进广电业务从功能型向创新服务型转变。

因此，在广电获得 5G 牌照之后，“全国一网”整合将成为所有广电从业者的众望所归。5G 牌照将会成为全国一网整合的重要推手。在政策层面，完成整合的中国广电可以将 5G 牌照授权给各地省网。在网络层面，借助 5G 可进一步推动互联互通建设。在业务层面，通过 5G 可以实现广电业务的创新转型。

所以，中国广电获得 5G 牌照之后，“全国一网”整合工作有了实质性的进展。首先是中国广电网络股份有限公司在 2020 年 10 月成立，非上市广电网络公司相继进行股权划转和公司更名。其次，在中国广电网络股份有限公司的带领下，统一建设、统一管理、统一标准、统一品牌等相关工作都在快速推进。

（6）广电 5G 到底有没有资金建设，资金从哪里来？

业界质疑广电参与 5G 很重要的一个方面是资金，认为 5G 网络建设需要巨额投资，广电并没有这一资金实力。根据公号“ICT 解读者”的统计，三大运营商在 2014 年至 2018 年，针对 4G 专项资本开支累计高达人民币 6 000 亿元。

行业预计，整个 5G 时代，三大运营商的建设总投资将会超过 2 万亿元。与之形成鲜明对比的是，据统计，2015 年至 2017 年，全国有线电视固定资产投资总额分别为 281 亿元、298 亿元、313 亿元，投资强度虽然有所增加，但与电信行业相比差距巨大，这点资金对于 5G 建设更是远远不够。

上述逻辑并没有错，但存在一定局限性。手握 5G 牌照的中国广电可以引入战略投资者，当然也可以集结广电有线系统所有能动的资金池（比如信贷）。问题的关键是，广电有线行业基于自身 700MHz 优质频段要建一张什么形式的 5G 网?

（7）广电 5G 网络建设会采用什么方式？与中国铁塔及三大运营商的关系怎么定位?

广电获得 5G 牌照之后，业界非常关心广电会采取什么方式建设 5G，是独立建网，还是共建共享?

实际上，全国广电网络公司遍布的有线网络资源，是在 5G 网络建设中一笔很大的财富，也是广电 5G 网络建设的基础。比如遍布全国的广播站、通信管道、社区管网、光缆光纤、通信杆路、吊线等配套设施，是 5G 建设不可或缺的站址资源。但在自建这条路之外，共建共享也是绕不开的话题。

在 5G 运营方案的讨论中，“多牌少网”的共建方案呼声较大，即发放多张牌照，但采用两个或两个以上的运营商共同建设一张 5G 网络的方式。这种方案的优势在于可以极大地缩短建网时间，提升建网效率，降低建网成本。尤其是中国广电此前在无线网络领域几无涉足，没有独立核心网，共建共享可谓最佳路径。

2020 年 5 月 20 日，中国移动与中国广电签署 5G 网络共建共享合作框架协议。框架协议约定，双方共建共享 700MHz、共享 2.6GHz 频段 5G 无线网络，在保持各自品牌和运营独立的基础上，共同探索产品、运营等方面的模式创新，开展内容、平台、渠道、客户服务等方面的深入合作。

总的来说，中国广电与中国移动的共建共享合作直接影响 5G 建网方式，后面会有章节详细介绍这点。

（8）广电 700MHz 谜题如何揭晓？

广电获得了 5G 牌照后，700MHz 成为避不开的话题。

在 2017 年工信部下发的《关于第五代国际移动通信系统（IMT-2020）使用 3300-3600MHz 和 4800-5000MHz 频段相关事宜的通知》中，关于 5G 频谱的核心描述是："3300-3600MHz 和 4800-5000MHz 频段为 IMT-2020 工作频段。上述频段作为 IMT-2020 工作频段，由国家无线电管理机构分配管理。频率分配方案、设备射频技术指标和台站管理具体规定另行制定和发布。"

在广电获得 5G 牌照之时，700MHz 并不是未分配频谱，而是明确由广播电视和微波使用。这意味着，需要先将 700MHz 原有的使用权"清零"，才能重新进入国家无线电管理委员会的分配序列。

如表 1-1 所示，按照早期的中国频谱分配情况和 5G 频谱计划来看，北美、欧洲、亚太的多个国家（地区）要么已释放 700MHz 用于发展移动通信，要么已计划在 5G 时代释放，而我国略显落后，700MHz 频段整体利用率较低。不过，2020 年 4 月 1 日，工信部正式发布了《关于调整 700MHz 频段频率使用规划的通知》，明确将 702～798MHz 频段频率使用规划调整用于移动通信系统，并将 703～743/758～798MHz 频段规划用于频分双工（Frequency Division Duplex，FDD）工作方式的移动通信系统。由此，700MHz 频段的谜题尘埃落定。

表 1-1　中国移动频谱分配情况

中国频谱分配现状			
运营商	上行（MHz）	下行（MHz）	网络制式
中国移动	889～909	934～954	GSM900
	1 710～1 735	1 805～1 830	GSM1800
	1 885～1 920		TD-SCDMA/TD-LTE
	2 010～2 025		TD-SCDMA
	2 320～2 370		TD-SCDMA/TD-LTE
	2 575～2 635		TD-LTE

续表

中国频谱分配现状			
运营商	上行（MHz）	下行（MHz）	网络制式
中国联通	909 ～ 915	954 ～ 960	GSM900/WCDMA/LTE FDD
	1 735 ～ 1 750	1 830 ～ 1 845	GSM1800/LTE FDD
	1 750 ～ 1 765	1 845 ～ 1 860	LTE FDD
	1 940 ～ 1 965	2 130 ～ 2 155	WCDMA/LTE FDD
	2 320 ～ 2 370		TD-LTE
	2 555 ～ 2 575		TD-LTE
中国电信	825 ～ 835	870 ～ 880	CDMA/LTE
	1 765 ～ 1 785	1 860 ～ 1 880	LTE FDD
	1 920 ～ 1 940	2 110 ～ 2 130	CDMA2000/LTE FDD
	2 635 ～ 2 655		TD-LTE

（9）在电信市场竞争激烈且中国广电没有任何移动运营经验的背景下，广电 5G 会致力于通信全业务，还是会聚焦在一些核心业务上面？

在业务层面，如何将广电网络的原有业务与 5G 网络进行有效融合？又如何将全国统一业务和各地特色业务有效融合，从而衍生出以智慧广电为代表的新业务形态和新套餐资费体系、宣传体系，是中国广电考虑的关键问题。

当时，甚至有业内人士认为，广电与 5G 结合的应用主要集中在超高清视频和智慧广电方面。其中，超高清视频可以使家庭大屏幕终端相较于移动终端的优势更加突出，进一步将用户吸引回客厅；智慧广电则可以将广电行业的网络资源、技术资源与 B 端需求结合，形成在政府、企业等领域的应用。而对于竞争激烈的大众移动通信业务，广电似乎不会“贸然进入”。

但实际上，移动服务早已成为个人刚需，而有线运营商本身就拥有 2 亿多的家庭用户，这些巨大的存量用户正是个人业务的发展基础。换言之，抛弃个人市场的思维可以说是完全不理解网络经济的规模化发展规则。何况，通信行业历史早已表明：全业务竞争是电信业发展趋势。中国广电在获得包括 5G 在内的多种基础电信业务资质的同时，本身就意味着已进入全业务竞争领域。

当然，除了大众业务之外，5G 业务率先落地的应该在行业垂直应用领域。工信部在发放 5G 牌照时也表示，各企业要以市场和业务为导向，积极推进 5G 融合应用和创新发展，聚焦工业互联网、物联网、车联网等领域，为更多的垂直行业赋能赋智，促进各行各业数字化、网络化、智能化发展。

1.3 广电 5G 战略初览

广电行业的 5G 路径图将如何打造？相关的顶层设计和规划尤为关键。

在 2019 年 6 月 6 日 5G 牌照发放仪式上，中国广电表态，将坚持正确的方向导向，坚持以人民为中心和以市场为导向，积极引入战略合作伙伴，创新体制机制，与其他 5G 运营商和铁塔公司精诚合作、共建共享，发挥广电媒体和内容文创科创优势，差异化运营，将广电 5G 网络打造成为正能量、广连接、人人通、应用新、服务好、可管控的精品网络。

而随着广电全国一网与广电 5G 的一体化推进，中国广电的定位和规划越来越清晰，广电 5G 已找准发力的方向，打法也逐渐浮出水面。

1.3.1 中国广电“圆心战略”

“圆心战略”首次提出是在 2020 年第八届中国网络视听大会上，中国广播电视网络有限公司董事长、中国广电网络股份有限公司董事长宋起柱在《发展智慧广电网络，赋能美好视听生活》为题的讲演中首次披露和阐述了这一战略，这也是中国广电企业战略的核心内容。而后，宋起柱又多次在各种公开场合论及该战略。

“圆心战略”包含“内”和“外”两层内涵：“对外”是指以用户和市场为圆心，推动形成市场服务的“最短距离”和“最快响应”，聚焦有线电视、5G 和媒体内容及创新业务三大业务板块，打破一省一网的运营壁垒，发挥全国一网统筹牵引作用，充分利用地方广电资质资源优势，做到“统分结合、管服一体”；“对内”是指以系统和制度为圆心，推动形成内部管理的“最高效率”和“最优动能”，资源要系统化配置、极简化调度，向市场技术一线倾斜，外圆内方，守正创新，在坚持原则的基础上不断完善制度建设，优化生产关系，全面提升经营管理效能，实现社会效益与经济效益的双丰收。

实施“圆心战略”的关键举措主要包括以下 5 个方面。

一是创新驱动先行。以创新技术应用、创新经营管理为驱动，建设一流人才队伍，增强发展活力，强化风险管控和问题导向，不断提升人均劳动生产率，真正实现技术强企、网络强企和人才强企。

二是经营统分结合。市场经营实施“四统四分”，即统一网络建设和标准、统一产品架构规划、统一全国性业务管理、统一品牌设计；有线电视、5G 和媒体内容及创新业务三大业务分业经营，存量业务依托属地优势分域经营，“全国 + 基地 + 本地”三大板块分层经营，媒体内容和新兴业务“一省一特色，各省有特色”分策经营，积极开拓 5G 全国业务市场、实现 5G 赋能有线发展。

三是资源配置精准。准确把握社会发展周期、产业周期和经济周期的规律，坚持有进有退、有所为有所不为，把有限的资源、资金、人力投入优势领域，发挥整合改革的优势，整合分散的资源，形成一个拳头出击的局面。

四是资产回报领先。网络平台建设以业务市场为导向，兼顾社会效益和经济效益，创新业务、收入、组织和管理的 KPI（Key Performance Indicator，关键绩效指标）考核机制，创新收入利润的分配机制，实现净资产收益率、资本回报率等指标行业领先。

五是组织管理协同。以股权关系为纽带，建立并完善以战略指引、业务牵引和财务管理为核心的管控体系，做优“小总部、强总部”模式，做强各省网公司和专业子公司的经营能力，围绕管好资本、提升效益，做好业务，推进管理创新。

1.3.2 中国广电“三步走”规划

在中国广电 2021 年工作会议上，宋起柱强调未来 10 年是中国广电从起步期规模增长向成熟期高质量发展的关键 10 年，提出计划用两个 5 年时间，实施“三步走”战略。

第一步：到 2023 年，中国广电基本建成具有广电特色的全媒体业务体系和全国一体化运营体系，有线网络和广电 5G 协同服务能力显著提升，5G 和内容板块形成规模，电视和宽带板块稳健发展，企业综合实力、核心竞争力和可持续发展能力大幅提升，成为国内宣传思想文化领域的大型头部企业。

第二步：到 2025 年，中国广电产业结构和布局更加科学合理，国内市场竞争力和国际影响力显著增强，部分业务指标达到国内一流水平，企业成为创新驱动、有市场活力的智慧广电网络运营商、领先的数字生活服务提供商和新基础网络服务提供商。其中，营业收入规模进入全球电信运营商前 20 强。

第三步：到 2030 年，中国广电形成一批头部企业集群，从国内一流走向国际一流，主要业务指标达到国际领先水平，发展成为具有全球竞争力和影响力的媒体、信息和科技融合平台型企业。其中，营业收入规模进入全球电信运营商前 10 强。

1.3.3 广电 5G 建设的具体方向

针对广电 5G 的建设和应用，中国广电也制订了具体的行动计划。

在网络层面，中国广电明确“以移促固”，重建网络基础，主要有以下两个方向。

第一个方向是加快建设广电 5G 网络，其建设模式考虑自建核心网、运营计费系统和广电融媒体服务平台；共建共享 700MHz 5G 低频网络，低成本使用中国移动的 2.6GHz 5G 中频网络及其 2G、3G、4G 网络。2021 年，中国广电在全国规模建网上聚焦发力，计划在 2022 年底前建成 40 万个 700MHz 5G

共建共享基站。在这期间，有一个非常重要的动作——192 放号将落地。而按照 2021 年底消息，中国广电与中国移动在 2021 年年底已合作完成 20 万个 700M 基站部署。

第二个方向是要加速推进有线网络重构，将传统有线电视网络一点集中的星形架构，改造为适合移动互联网经营的网状架构。要以融合业务为驱动，建设全 IP、全互联、广电通信技术融合的新型广电网络，实现网络技术层面的“每省一网”向“广电全国一网”集约型、规模化转变。要摸清资源底数，坚持“国干 + 省干”一体化规划、集中式建设，以“市场化决定，可视化调度，智能化配置”为阶段性目标，将省际干线光纤传输网由目前的“三横三纵”4.8 万公里扩建至“五横五纵”8 万公里，并在此基础上建设互联互通平台和大数据平台，彻底打通省际国干网之间的断头路，实现业务资源和资源调度可视化，有效支撑传统业务和新型业务融合发展。

在应用层面，中国广电的目标是打造成为 5G 视频内容和智能化服务平台，以及“广电全国一网”统一业务运营平台。在坚持“四个统一”和全国二级总分平台运营的基础上，广电 5G 于 2021 年年中在试点城市实现了融合视听 App 的上线试运营，通过边推广、边验证、边优化，形成“手机 + 电视 + 内容 + 应用”的一体化融合服务新模式，并逐步向全国推广。

中国广电也将 5G NR 广播作为与三大运营商差异化的一个 5G 应用服务，通过广播电视发射塔和移动基站以 5G 方式发射广播电视节目，5G 手机无须流量就可以收看电视节目，使得 5G 手机和电视节目形成了强关联，只要手机开通电视功能就可以成为广电网络用户。中国广电努力的目标就是要推动 5G 广播电视服务覆盖全部手机终端。

在“广电 +5G”融合发展实施主体层面，2020 年 10 月正式成立的中国广电网络股份有限公司在增资之后注册资本达到 1 300 多亿元，拥有全国范围近 220 万公里的有线电视光纤网络，4.2 万公里国家干线网络，2.07 亿的电视机用户，2 385 万户有线电视智能终端用户，以及拥有宽带电视集成平台等特色业务牌照 16 项。此外，它还拥有 5G 移动通信、国内通信设施服务、互联网内数据传送等基础电信业务经营许可 3 项，内容分发网络等增值电信业务经营许可 7 项。

在频率及号段上，中国广电拥有 700MHz、4.9GHz、3.3 ～3.4GHz 等 3 个频段共 220MHz 的带宽 5G 频率，192 号段、10099 等电信码号资源使用许可 4 项。目前，700MHz 频段大带宽的 5G 国际标准也已经颁布实施，支持中国广电 5G 的生态加速成熟，新发布的 5G 手机也基本支持 700MHz 频段。可见，在中国广电的推动下，广电 5G 雏形正在逐步形成。

1.4 广电 5G 人才发展

再好的战略和布局，都需要人去执行。中国广电要走向全球电信运营商的领先阵营，要构建媒体、信息、科技的平台格局，人才储备必不可少。尤其是在当下 5G 迅猛发展的背景下，亟须补充通信类人才和融合型人才，传统的广电人的知识结构、思维方式也要向“广电 + 通信”转型。

自广电获得 5G 牌照以来，各地陆续建立了 5G 相关的研究院或发展中心。比如，山东省有线广播电视网络股份有限公司成立了“5G 联合创新应用实验室”，四川省有线广播电视网络股份有限公司成立了“5G 联合应用（研究）中心”，新疆广电网络有限责任公司成立了“5G 媒体创新实验室”等。同时，中国广电总部以及中国广电网络股份有限公司也在招聘大批人才。那么，迈向 5G 的广电行业，其人力资源发展又是如何规划的呢？

1.4.1 从通信业内招贤纳士

当前，广电已经在招聘一些通信领域的精英，这些人才主要来自以下领域。

1. 通信运营商

这主要包括中国电信、中国移动、中国联通、中国铁塔。要招聘通信运营商的人才进入广电系统，广电人力部门需要平衡两点，一是工资和岗位怎么定；二是工作内容怎么设置，毕竟行业还是存在差异，要有足够的薪资竞争力和发展空间才能留住人才。

2. 通信设计院

通信行业比较大的设计院首先来自三大电信运营商。

（1）中国通信服务股份有限公司下属设计院，实力非常强，公司也比较多，排名靠前的有广东省电信规划设计院有限公司（广东院）、华信邮电咨询设计研究院有限公司（华信院，原浙江省邮电规划设计院）、中通服咨询设计研究院有限公司（原江苏邮电规划设计院有限公司）、广东南方电信规划咨询设计院有限公司（南方院），这几个被业界称为电信四大院。

（2）中国移动通信集团设计院，是中国移动通信集团公司直属设计院，实力非常雄厚。

（3）中讯邮电咨询设计院有限公司，是中国联通全资子公司，原是邮电部设计院。

此外，前中国网通集团下属也有几个设计院。同时，民营通信设计院也曾经衍生出一家 A 股上市企业，即广州杰赛科技股份有限公司。

而广电比较知名的设计院，只有中广电广播电影电视设计研究院，业内人士将其列为广电总局旗下三大院（广科院、规划院、设计院）之一。

3. 通信厂商

这主要包括华为、中兴、信科(烽火+大唐）、高通、诺基亚、爱立信等。

1.4.2 从专业院校选拔

广电行业的人才大部分毕业于传媒类、信息类大学，所学专业以传播类、广播电视工程类居多。广电要储备通信人才，第二大途径就是从通信院校毕业生中选拔。那应该选择什么专业、什么院校的学生呢?

1. 专业选择

通信工程（Telecommunications Engineering），是一门重要的工学学科，具体学科分类如表 1-2 所示。根据教育部《学位授予和人才培养学科目录设置与管理办法》，“通信工程”属于二级学科，归属于“信息与通信工程”一级学科之下。同属这个二级学科的还有电子信息工程、信息工程、软件工程、网络工程等。

通信工程是一个典型的交叉学科专业，集现代电子技术、信息技术、通信技术为一身，课程一般分为学科基础课、专业必修课、专业选修课。从方向来看，包括软件方向、硬件方向、无线方向、网络方向、光学方向。通信工程方向分类如表 1-3 所示。

表 1-2　通信工程具体学科分类

学科门类	一级学科（学科大类）	二级学科（学科小类）
工学	信息与通信工程	通信工程

表 1-3　通信工程方向分类

软件方向	硬件方向	无线方向	网络方向	光学方向
• 数据结构 • 软件工程概论 • 软件项目管理 • C/C++ • Java • Python ……	• 数字电路 • 模拟电路 • 高频电子线路 • 信号与系统 • 数字信号处理 • 嵌入式开发 • 单片机 ……	• 信号与系统 • 数字信号处理 • 电磁场与电磁波 • 通信原理 • 信息论与编码 ……	• 微机接口 • 计算机组成原理 • 计算机网络 • TCP/IP • 操作系统 • 数据库原理 ……	• 物理光学 • 应用光学 • 信息光学 • 光电检测 • 激光原理 • 光纤通信 ……

2. 院校选择

数字化时代，很多高校都有与计算机和电子信息工程相关的院系，并设有计算机或通信专业。这些专业都属于热门学科，其录取分数线也较高。主要的院校包括：

清华大学、浙江大学等综合性全国重点大学；

东南大学、中国人民解放军国防科技大学、哈尔滨工业大学、北京理工大学、北京航空航天大学等理工科院校。

此外，还有一些是通信和电子信息领域的专业院校，它们致力于这个领域的人才培养和专业建设，每年为行业输送大量的毕业生。其中较为知名的有：西安电子科技大学、电子科技大学、北京邮电大学、南京邮电大学、西安邮电大学、重庆邮电大学、杭州电子科技大学、桂林电子科技大学等。

1.4.3 职业资格认证渠道

此外，广电系统或者非通信运营商的从业者可以通过取得通信或计算机领域的资格证书来获得从事广电 5G 相关工作的机会。根据测评主体，这一资格证书一般分为国家机构颁发的证书和企业颁发的证书。国家机构颁发的证书，一般都是由国家有关部门组织统一测评。企业颁发的证书，一般由行业龙头企业或行业协会负责测评。

1. 国家认证

（1）全国通信专业技术人员职业水平考试

该考试是由国家人力资源和社会保障部、工业和信息化部联合组织的考试，分为初级、中级、高级 3 个等级。

考试内容：初级、中级通信专业技术人员职业水平考试均设《通信专业综合能力》和《通信专业实务》两科，高级通信专业技术人员职业水平考试采用考试与评审相结合的方式。

对于广电人来说，该考试成绩直接与职称和岗位挂钩。因为它既是职业资格考试，也是职称资格考试，取得初级水平证书，就可聘任技术员或助理工程师职务；取得中级水平证书，就可聘任工程师职务。

（2）全国计算机技术与软件专业技术资格（水平）考试

该考试是由国家人力资源和社会保障部、工业和信息化部联合组织的考试，分为初级、中级、高级 3 个等级。具体等级对应的资格如表 1-4 所示。

表 1-4　全国计算机技术与软件专业技术资格（水平）考试

<table>
<tr><th colspan="2" rowspan="2">资格总表</th><th colspan="5">全国计算机技术与软件专业技术资格（水平）考试专业类别、资格名称和级别对应表</th></tr>
<tr><th>计算机软件</th><th>计算机网络</th><th>计算机应用技术</th><th>信息系统</th><th>信息服务</th></tr>
<tr><td rowspan="3">级别层面</td><td>初级资格</td><td>程序员</td><td>网络管理员</td><td>多媒体应用制作技术员、电子商务技术员</td><td>信息系统运行管理员</td><td>网页制作员
信息处理技术员</td></tr>
<tr><td>中级资格</td><td>软件评测师、软件设计师、软件过程能力评估师</td><td>网络工程师</td><td>多媒体应用设计师、嵌入式系统设计师、计算机辅助设计师、电子商务设计师</td><td>系统集成项目管理工程师、信息系统监理师、数据库系统工程师、信息系统管理工程师、信息安全工程师（2016 年新增）</td><td>计算机硬件工程师、信息技术支持工程师</td></tr>
<tr><td>高级资格</td><td colspan="5">信息系统项目管理师、网络规划设计师、系统规划设计师、系统分析师、系统规划与管理师</td></tr>
</table>

对广电人来说，目前所有网络公司都需要项目管理、规划设计、安全工程等方面的相关人才，尤其是集客业务发展，对单位员工系统集成项目管理等的资质也有相应的要求，有了这个证书，不仅可以拓展自己的知识边界，对自己的职业规划也有一定的帮助。

（3）通信类一级建造师

建造师分为一级建造师和二级建造师。

建造师分为 14 个专业，其中有专门的通信与广电工程专业。如果要从事通信施工工作，或者在系统集成或弱电智能化企业工作，这个证书的价值会比较大。

一级建筑师职业资格考试的难度很大，每年的淘汰率都很高。考试设《建设工程经济》《建设工程法规及相关知识》《建设工程项目管理》和《专业工程管理与实务》4 个科目。其中，《专业工程管理与实务》考试内容和实际工程项目经验相关，难度很高，对于非通信工程从业人员，如果没有实际接触过工程的话，想要取得证书还是有一定难度的。

2. 国际PMP认证

PMP 认证，即项目管理专业人士资格认证，是由美国项目管理协会(PMI)在全球范围内推出的针对项目管理人员的资格认证体系，通过该认证的项目经理叫“PMP”。根据学历的不同，PMP 考试的报名条件也不同，主要体现在项目管理经验的时长要求。

PMP 考试内容涉及成本、进度、质量、安全、沟通管理等，旨在给项目管理人员提供统一的行业标准，推进项目管理行业的健康发展。所以，电信运营商一些项目经理的任职要求必须具备 PMP 认证。而对于中国广电来说，面向 5G ToB 业务，就非常需要这样的项目管理型人才。

3. 企业认证

通信行业由企业颁发的认证，主要是思科认证和华为认证。至于 Oracle 认证、RedHat 认证等 IT 技术认证，主要是偏 IT 和软件方向。业内大部分机构认可这些认证，所以企业在招聘时，一般会优先录取拥有这些认证的人。

（1）思科认证

在通信行业名气较大且历史业较为悠久的是美国思科公司的思科 CISCO 认证。思科作为网络领域著名的厂家，长期以来在行业里拥有很大的市场份额，这也奠定了思科证书的重要地位。

CCNA、CCNP、CCIE 代表了思科认证的 3 个主要级别。其中，CCNA 的“A”代表 Associate，意为“联合、伙伴”，其是思科公司职业认证体系中最基础也是应用最广泛的部分，相当于入行从业的基本要求。CCNP 的“P”代表 Professional，意为“专业的、职业的”，获得 CCNP 认证资格，意味着持证人拥有丰富的知识和技能，有一定的经验积累，属于资深的网络工程师。CCIE 的“E”代表 Expert，意为“专家”，一直以来，CCIE（笔试和机试）被认为是全球网络领域中权威的认证。

思科认证还分为针对路由与交换、安全、语音等不同内容的认证，报考哪种认证可根据自己的专业来选择。

（2）华为认证

华为的认证体系主要包括工程师、高级工程师和专家三大级别，如图 1-3 所示。

工程师 HCIA	高级工程师 HCIP	专家 HCIE
HCIA-5G	HCIP-5G-RNP&RNO	
HCIA-5G-Bearer	HCIP-5G-RAN	
HCIA-5G-RNP&RNO		
HCIA-5G-RAN		
HCIA-5G-Core		

图 1-3　华为 5G 相关认证

HCIA：针对新入职员工或初级工程师的入门级认证，目的是增强职位所需的基础知识和技能。

HCIP：针对高级工程师的中级认证，目的是增强不同技术领域的专业知识和专业技能。

HCIE：针对技术专家的高级认证，目的是学习复杂技术和增强解决方案的设计能力。

华为除了职业认证之外，还有针对渠道合作伙伴的“专业认证”，主要包括销售专家认证、售前专家认证、解决方案专家认证、售后专家认证及二次开发专家认证。

PART

第2章

学习广电5G新知识

本章概要

5G属于移动通信范畴，要了解5G，就必须具有一定的通信基础，至少要了解通信的基本原理、通信发展历程、产业链构成等，还要对移动通信从1G到5G的发展过程有一个基本的认知。这算是进入5G时代的一个门槛。

2.1 通信发展史回顾

从语言、文字、信件、烽火台到纸张、印刷术、打印机、计算机，人类发明这些都是为了便于传播信息。现代通信就是运用科学技术将信息从人和自然界中发掘出来并传送到人类希望到达的任何地方，于是有了电报、电话、广播、电视、雷达、计算机、互联网等。信息的传递，是贯穿整个人类发展历史的一条主线。

2.1.1 古代通信

通信是人类的本能，近距离通信可以通过肢体动作、语言等来进行，远距离通信起始于文明时代。一般谈到通信都会提到烽火台。现在看来，作为最早的通信方式，烽火通信就是一个典型的信息从接收到转发的通信过程，涉及半双工模式（相邻烽火台可以传递信息，但不能同时传递信息）、广播模式（所有能够看到的地方都能接收到信息）、可视模式（白天为烟，晚上为火，视线可达）、无线模式等。

在漫漫岁月长河中，古代通信网络除了有烽火台这种模式外，还发展出水网、路网（驿站）、空网（飞鸽）等，对推动人类文明进步发挥了重要作用。

2.1.2 近现代通信

通信技术的不断迭代，相当程度上是要解决通信过程中的各种问题，包括距离问题、丢失问题、速度问题、干扰问题、噪声问题等。

近代通信一般被认为始于电磁技术，而电磁技术最早的通信应用就是电报。电报就是通过长、短音电信号来标识文字或词汇，相当于每个字都有一个对应的编码，发报员只要按照编码规则翻译文字并通过专用的发报装置将信息发出去即可。以下是近现代通信的发展历程。

1837 年，莫尔斯（Morse）发明了有线的电磁电报（长短不一的电脉冲信息通过组合可表示字母、数字、标点和符号）。

1860 年，安东尼奥 • 梅乌奇（Antonio Meucci）发明了电话。

1876 年，亚历山大 • 格拉汉姆 • 贝尔（Alexander Graham Bell）发明了电话机。

1878 年，亚历山大 • 格拉汉姆 • 贝尔在波士顿和纽约之间进行了首次长途通话，并获得成功。人工电话交换机诞生。

1882 年，上海创办第一个电话局，成为中国通信历史上的里程碑事件。

1893 年，尼古拉 • 特斯拉（Nikola Tesla）首次公开展示了无线电通信。

1919 年，纵横式自动交换机问世。

1930 年，传真和超短波通信问世。

1935 年，频率复用技术、模拟黑白广播电视问世。

1939 年，世界上第一台电子计算机试验样机 ABC 开始运转。

1947 年，大容量微波接力通信问世。

1956 年，欧美长途海底电话电缆传输系统建成。

1957 年，出现电话线数据传输。

1958 年，杰克 • 基尔比（Jack Kilby）发明集成电路（IC）。

1962 年，同步卫星发射。

1964 年，美国 Rand 公司提出无连接操作寻址技术，尽可能可靠地传递数据。

1969 年，美军 ARPANET（阿帕网）问世。

20 世纪 70 年代，光纤的发明标志着电信网络进入数字化时代。

1979 年，局域网诞生。

20 世纪 80 年代，国际电信界集中研究电信设备数字化。从 PSTN 到 IDN，人们看到语音信号数字编码标准的统一，用数字传输系统代替模拟传输系统，用数字复用器代替载波机，用数字交换机代替模拟交换机，发明了分组交换机。

从 20 世纪 70 年代末期开始，中国迎来改革开放，通信事业奋起直追，不断成长和发展，与全球通信技术共同进步。

2.1.3 当代通信

进入移动通信和互联网的时代，语音业务在通信业务中的占比不断下降，流量业务成为主流，数字经济及数字基础设施成为网红词语。特别是云计算、大数据、人工智能、区块链、边缘计算，以及车联网、物联网、工业互联网等技术的兴起，对网络带宽、并发、时延需求的持续爆发式增长，推动通信产业不断向前发展。

1982 年，欧洲成立 GSM（Global System for Mobile Communications，全球移动通信系统）工作小组，开始研究下一代移动通信网络的规范，决定用数字信号代替模拟信号，由此打开了 2G 时代的大门。

1983 年，TCP/IP 成为 ARPANET（美国高级研究计划署）的唯一正式协议。

1988 年，欧洲电信标准协会 ETSI 成立。

1989 年，万维网（WWW）诞生。

1990 年，GSM 标准冻结。

1992 年，GSM 被选为欧洲 900MHz 系统的商标。

1996 年，美国提出“下一代互联网（Next-Generation Internet，NGI）研究

计划”。

2000 年，国际电信联盟（International Telecommunications Union，ITU）确定欧洲的 WCDMA（Wideband Code Division Multiple Access，宽带码分多址）、美国的 cdma2000（Code Division Multiple Access 2000，码分多址）、中国的 TD-SCDMA（Time Division-Synchronous Code Division Multiple Access，时分同步码分多址）为 3G 的三大主流无线接口标准。同一年，中国电信体制改革，中国移动通信集团成立。2000 年前后，美国的谷歌、亚马逊及中国的阿里巴巴、腾讯、百度、网易、新浪、携程等公司成立。

2005 年，国际电信联盟正式提出了物联网的概念。

2007 年，国际电信联盟将 WiMAX（World Interoperability for Microwave Access，全球微波接入互操作性）技术补选为 3G 标准。

2008 年，乔布斯发布新一代智能手机 iPhone 3G。

2009 年，中国 3G 牌照发放。

2012 年，4G 国际标准确立。在这一年前后，很多知名的移动互联网公司成立，比如创新工场、小米、字节跳动、美团等。

2013 年，工信部向中国电信、中国移动、中国联通发放 4G 牌照。

2018 年，5G 国际标准确立。

2019 年，工信部向中国电信、中国移动、中国联通、中国广电发放 5G 牌照。广电系第一次进入移动通信领域。

2.1.4 未来通信走向何方

通信技术是以现代的声、光、电技术为硬件基础，辅以相应软件来达到信息交流的目的。20 世纪 90 年代，从传统媒体（报纸、杂志、广播、电视）到新兴媒体（网站、论坛、微博、微信、短视频、直播等）的融合融通，以及移动互联 App 的爆发，极大地推动了通信与媒体的发展。

再加上新兴 IT 技术（俗称 ABCDE）与 CT 技术不断相互影响，相互借鉴，通信技术架构不断迭代更新，产业生态不断前进。而未来的有线技术与无线技术又会如何融合？打通虚实空间泛在智联的 6G 会是如何？6G 是否会与卫星技术结合？未来通信终端又将以一种什么样的形态呈现呢？

未来的通信业，将朝着更大带宽、更高速率、更低成本、更高安全、更广泛连接、更低损耗、更移动便捷、更多维空间的方向发展。未来的通信网络，一定是朝着技术融合、业务融合的方向发展。未来的通信必将促使人与人、人与物、物与物之间的连接更加有序与和谐。当然，未来的通信技术不会脱离当下的通信基础，不会独立发展起来。

2.2 移动通信从 1G 到 5G

要了解 5G 的现在和未来，我们需要回顾一下 1G、2G、3G、4G 的发展。对于广电人来说，移动通信是一个既熟悉又陌生的领域。说熟悉是因为作为身处高速变革的现代信息时代，任何人都亲身经历了移动互联网给生活、经济带来的变化；而说陌生是因为广电人身处在外，缺乏对其内涵和本质的深入理解。

2.2.1 1G 语音时代

1G（第一代移动通信），在普通人眼里是“大哥大”，但在通信人眼里则是模拟通信。1G 的命名是倒推的结果：在国际电信联盟提出了 3G 计划，并将 2G、3G 概念清晰明了之后，才倒推将模拟通信系统时代称为 1G。因为移动性和蜂窝组网特性在 1G 时代就诞生了。

一个蜂窝由许多个正六边形组成，联合起来实现了无缝拼接。蜂窝可以随着蜂群的壮大而扩张。对移动网络建设而言，如果将多个移动基站排布在一起，每一个基站覆盖都是一个正六边形，就可以实现大面积地无缝覆盖。因此，移动网络被称为“蜂窝网络”，如图 2-1 所示。

世界上最早的民用移动通信电话是由摩托罗拉公司发明的。摩托罗拉创立于 1928 年，其在 1968 年的消费电子展（CES）上推出了第一代商用移动电话原型。1976 年，摩托罗拉的工程师马丁 • 劳伦斯 • 库珀（Martin Lawrence

Cooper）首先将无线电应用于移动电话。摩托罗拉作为移动通信的开创者，早期的移动通信标准都是由其主导的。

图 2-1　蜂窝网络

1978 年年底，美国贝尔实验室成功研制出全球第一个移动蜂窝电话系统——先进移动电话系统（Advanced Mobile Phone System，AMPS）。5 年后，这套系统在芝加哥正式投入商用并迅速在全美推广，获得了巨大成功。欧洲各国也不甘示弱，纷纷建立自己的第一代移动通信系统。瑞典、丹麦、挪威、芬兰等北欧 4 国在 1980 年成功研制了 NMT-450 移动通信网并投入使用；德国在 1984 年完成了 C 网络（C-Netz）的建设；英国则于 1985 年开发出频段在 900MHz 的全接入通信系统（Total Access Communications System，TACS）。

中国的第一代模拟移动通信系统于 1987 年 11 月 18 日在广东第六届全运会上开通并正式商用，采用的是英国 TACS 制式。

1G 采用的是频分多址（Frequency Division Multiple Access，FDMA）技术，即每个信道每次只能分配给一个用户。由于 1G 采用的是模拟技术，因此容量十分有限，只能进行语音通话，且存在较大的安全和干扰问题，容易出现串号和盗号的情况。另外，各国的 1G 技术标准各不相同，因此国际漫游也成为一个突出的问题。

2.2.2　2G 开启数字时代

2G（第二代移动通信），对普通人来说就是既能打电话又能发短信，但对通信人而言则是数字通信。

20 世纪 80 年代中期，当模拟蜂窝移动通信系统刚投放市场后，发达国家就在研制第二代移动通信系统了。由于摩托罗拉在 1G 时代的地位，第一代移动通信标准掌握在美国手里。到了 2G 时代，欧洲不甘落后于美国，吸取了 1G 时代各国技术标准不同导致失败的教训，希望制定一个统一的移动电话标准，从而能够更好地支持通信和国际漫游。这一系列工作由 1982 年成立的“移动特别小组”（Group Special Mobile，GSM）负责，后来这一缩写的含义变成了全球移动通信系统（Global System for Mobile Communications）。

GSM 的技术核心是 TDMA（Time Division Multiple Access，时分多址），它允许多个用户在不同的时隙来使用相同的频率。基于数字传输和更高语音编码的启用，GSM 的信号强度和通话质量有了突飞猛进的提高，并成为迄今为止最为成功的全球性移动通信系统。虽然 GSM 在开发之初是作为欧洲移动通信系统使用的，但在欧洲推广应用的同时，该技术也被全球广泛应用。

正当全球都采用 GSM 建网的时候，CDMA 技术出现了，该技术使用相互正交（可以理解为不同的语言）的地址码来传输数据，实现了不同用户的数据可以在同一时间、同一频段进行传输。CDMA 主要专利集中于美国高通公司手中。美国虽然将 CDMA 作为第二代移动通信网的核心技术，但是由于 CDMA 起步较晚，加上美国国内资源比较分散，CDMA 在 2G 时代远未获得广泛应用。

2G 时代，欧洲 GSM 快速领先，为欧洲企业带来了显著的经济利益。诺基亚和爱立信是第一批的受益者，它们在 2G 时代飞速发展成为全球领先的通信设备商和手机厂商。

1993 年 9 月 19 日，我国第一个数字移动电话通信网在浙江嘉兴开通，这标志着 2G 在我国正式落地。

2.2.3 3G 开启多媒体应用

到 20 世纪 90 年代，随着全球手机用户数量的增长，2G 已经无法满足人们的需求，通信技术开始向 3G 升级。3G 手机开始具备数据服务功能；对于通信人而言，3G 时代是多媒体通信时代。

在 2G 时代，美国的 CDMA 技术并未获得广泛应用，但是并不能因此否认 CDMA 技术的先进性。为了实现 2G 向 3G 的平稳过渡，3GPP（3rd Generation Partnership Project，第三代合作伙伴计划）得以成立。为了避开高通公司的专利垄断，3GPP 制定了 WCDMA 技术路线。高通公司则联合韩国成立 3GPP2，推出了 cdma2000 技术路线。而中国以大唐电信为主的研发团队在 1998 年提出 TD-SCDMA 技术路线。

不管是 WCDMA，还是 cdma2000、TD-SCDMA，从名字上就能看出，CDMA 是这些技术路线的底层技术。而高通公司也正是依靠 CDMA 的巨额专利费成为赢家。欧洲的 WCDMA、美国的 cdma2000、中国的 TD-SCDMA 成为 3G 时代的三大技术标准。

对于 3G，全球电信业都抱有非常高的期待。同时因标准不同，全球通信市场竞争非常激烈。各国部署 3G 的时间并不相同。欧洲最早开始 3G 布局是在 2000 年英国、德国等国家的电信运营商花巨额获得 3G 牌照和无线频谱；到 2005 年，欧洲 3G 的部署和网络提升基本完成。美国运营商由于现有频率占用问题，直到 2004 年年初才发放 3G 牌照。

而中国进入 3G 时代的时间更晚，到 2009 年 1 月，工信部才分别给中国移动、中国电信和中国联通三大电信运营商发放了 3G 牌照，其中中国移动获得 TD-SCDMA 牌照，中国联通获得 WCDMA 牌照，中国电信获得 cdma 2000 牌照。

为什么中国移动、中国联通、中国电信的 3G 技术应用被如此分配？简单而言，这是为了不遭到其他国家的排挤，也为了 TD-SCDMA 的生存空间和成长时间，这是不得已的选择。所以在 3G 时代，中国联通的信号相对较好，因为它使用的是成熟的 WCDMA 技术；而中国移动采用的是 TD-SCDMA，技术和运营经验都需要花时间来积累与提升。

更重要的是，在全球 3G 网络部署的初期，高投入与低收入导致欧美电信业备受打击。直到 2007 年，乔布斯带领的苹果公司推出了第一台 iPhone，事情才开始有了转机。伴随着苹果 iOS 系统和谷歌 Android 系统的登场，3G 多媒体通信真正开启了移动互联网时代。2008 年以来，各种智能手机相继发布，各种 App 应运而生。移动互联网开始改变人们的生活方式，3G 用户数量也得到了爆发式增长。

2.2.4 4G 移动互联网时代

4G 时代比 3G 时代来得更为迅猛。因为移动互联网深入渗透，改变了人们的出行、娱乐、付款等方式，也催生了视频直播、短视频等传播方式，市场前景反而不是核心问题。当然，对于通信人来说，这首先依旧是标准和技术的博弈。

说到 4G 技术的标准博弈，还需要了解一下 Wi-Fi 及相关技术标准。

Wi-Fi 是一个创建于 IEEE 802.11 标准的无线局域网技术。Wi-Fi 和蜂窝移动通信（即前述的 1G、2G、3G、4G、5G 等）本质上都是无线通信，但是底层协议不同于应用范畴，所在的频率也不一样。Wi-Fi 关注的是无线局域网，覆盖的范围有限，而蜂窝数据关注的是广域移动通信。1999 年，IEEE 推出了相互独立的 802.11b 与 802.11a 两种 Wi-Fi 标准，分别使用 2.4GHz 和 5GHz 频段。

由于 Wi-Fi 技术的成功，英特尔等 IT 巨头开始向移动通信领域进军，并提出了 WiMAX 技术标准，力图参与 4G 标准的竞争。

在移动通信方面，IEEE 在 2003 年引入 OFDM（Orthogonal Frequency Division Multiplexing，正交频分复用技术），即通过将不同用户的数据转换成互相正交的载波来传输，从而带来更高的频谱效率，支持多用户接入。值得一提的是，这可以避开高通公司的专利壁垒。同时，集成数字电路和数字信号处理器件的迅猛发展克服了 OFDM 技术实施的障碍。2008 年，3GPP 提出了将 LTE（Long Term Evolution，长期演进技术）作为 3.9G 技术标准，2011 年又进一步将 LTE-Advanced（长期演进技术升级版）作为 4G 技术标准，同时确定了 OFDM 演进方向。

而美国高通公司为了延续 3G 时代的优势，推出了 cdma2000 系列标准的演进升级版本——UMB（Ultra Mobile Broadband，超移动宽带系统）。

上述三大标准竞争的结果是 LTE 大获全胜。根据上行和下行业务进行方式的不同，LTE 可分为 TDD（Time Division Duplexing，时分双工）和 FDD

（Frequency Division Duplexing，频分双工）两种制式。TDD 的上行和下行业务完全使用相同的频段，利用时间分隔传送及接收信号；FDD 的上行和下行业务隔离在两个频段，互不干扰。

2013 年 12 月 4 日，工信部向三大电信运营商各发出一张 TD-LTE 标准的 4G 牌照；2015 年 2 月 27 日，中国电信、中国联通又分别获得了 FDD-LTE 标准的 4G 牌照；到 2018 年 4 月 3 日，工信部终于向中国移动正式发放 FDD-LTE 标准的 4G 牌照。

此前，中国电信运营商在3G时代地位有所提升，并加强了与其他各国的合作。到 4G 时代，中国电信运营商的话语权大幅提升，加上中国在 TD-SCDMA、OFDM 等领域的技术积累，掌握了不少核心专利，为未来的 5G 竞争打下了坚实的基础。

2.2.5 5G 万物互联时代

随着移动通信技术的演进，5G 提上了日程。5G 需要具备比 4G 更高的性能，支持 0.1 ～1Gbit/s 的用户体验速率，每平方千米达百万的连接数密度，毫秒级的端到端时延，每平方千米数 10Tbit/s 的流量密度，每小时 500km 以上的移动性和数 10Gbit/s 的峰值速率。5G 将不再局限于人与人、人与物的通信，将扩展到物与物的通信，实现万物互联。

前几代通信技术的发展和实践充分说明了统一标准的重要性，所以到 5G 时代，ITU 确定 3GPP 标准成为唯一的 5G 标准。

1999 年 6 月，中国无线通信标准研究组（CWTS）加入 3GPP。目前，中国已有几十家企业或机构成为 3GPP 的伙伴。其中，设备商有华为、中兴、大唐、普天、信威等；芯片制造商有海思、展讯等；手机厂商有 vivo、OPPO、努比亚、酷派、小米等；运营商有中国移动、中国联通、中国电信，以及中国广电等。5G 时代，中国已经走在了前列。

2019 年 6 月，工信部向中国电信、中国移动、中国联通、中国广电发放 5G 牌照，中国也成为继韩国、美国、瑞士、英国后，第五个正式商用 5G 的国家。

2.3 5G 标准演进

标准在移动通信发展历程中扮演着非常重要的角色。标准的背后不仅仅是技术优劣的博弈，更是国家实力的象征。

1G 到 4G 的标准比较混乱，这使得各个国家制造的设备难以通用，建设成本大大增加，也限制了通信应用的普及。所以到 5G 时代，各个国家、各个厂商都已经达成共识要制定全球统一的 5G 标准。作为刚刚入局 5G 通信的广电人，不仅要清楚 5G 标准的制定组织和流程，更要树立“标准先行”的意识，为广电 5G 的推广和应用做好相应的准备和铺垫。

2.3.1 5G 标准组织

5G 标准组织主要有 ITU、IMT、3GPP 等。

ITU 是国际电信联盟，负责分配和管理全球无线电频谱与卫星轨道资源，制定全球电信标准。它负责制定 5G 愿景、规划、评估等，虽然 ITU 不具体参与标准的制定，但是它可以决定最终采用哪个标准，属于最上层的监管机构。

IMT（International Mobile Telecommunication），是 ITU 制定的移动通信技术的规划，比如 IMT-Advanced，就是对 4G 技术的规划；IMT-2020 就是对 5G 技术的规划，所有 5G 的相关工作都在这个规划下开展。

3GPP（第三代合作伙伴计划），是领先的 3G 技术规范机构。3GPP 成立之初其实是为了实现 2G 向 3G 的平稳过渡而建立统一的标准，因为其运行效果不错，所以又推出了 4G 标准，进而推出了 5G 标准，但是它作为标准组织的名称并未变更。

3GPP 成员包括 3 类：各国的组织伙伴、市场代表伙伴和个体成员。

其中第一类组织伙伴包括欧洲电信标准化协会（ETSI）、美国电信行业解决方案联盟（ATIS）、日本无线工业及商贸联合会（ARIB）和电信技术委员会（TTC）、韩国电信技术协会（TTA）、中国通信标准化协会（CCSA）、印度电信标准开发协会（TSDSI）7 个标准化组织。这几个组织伙伴也是标准开发组织（Standards Development Organization，SDO），均来自通信领域实力较强的国家。市场代表伙伴主要是向 3GPP 提供市场建议和统一意见的机构组织。个体成员是人们所熟知的终端厂商和电信运营商，也是标准制定的主要力量。但是想要成为 3GPP 个体会员，首先得注册成为 SDO 中的一员。

2.3.2 5G 标准制定流程

5G 标准是如何制定的？首先简单了解一下 3GPP 的组织架构，其分为项目合作组（Project Cooperation Group，PCG）和技术规范组（Technology Standards Group，TSG）。其中，PCG 类似项目协调组，主要负责分工，而 TSG 主要负责具体执行。

手机要实现通话和上网功能，需要经过终端、无线接入网、核心网和业务这 4 个子系统，所以 3GPP 就把具体标准制定的任务分解到各个技术规范组，如图 2-2 所示。

标准的制定有非常严密和科学的流程。

首先，组织成员提出愿景、概念和需求，进行早期的研究，提交 3GPP 审核。

然后，各个组织成员进行提案，提案得以通过的唯一要求是没有任何公司反对，而不是有多少公司赞同。一般提案要经过多轮讨论和评估才能通过。

提案通过后，组织成员就开始进行可行性研究，3GPP 内部针对这个提案会输出一个技术报告（TR），然后将其提交给技术规范组（TSG）做决策。

技术报告通过后，组织成员就可以将其作为技术规范（TS）进行发布，然后开始商业部署。3GPP 文档的编码规则如图 2-3 所示，这一规则可以用来查询相应的标准。

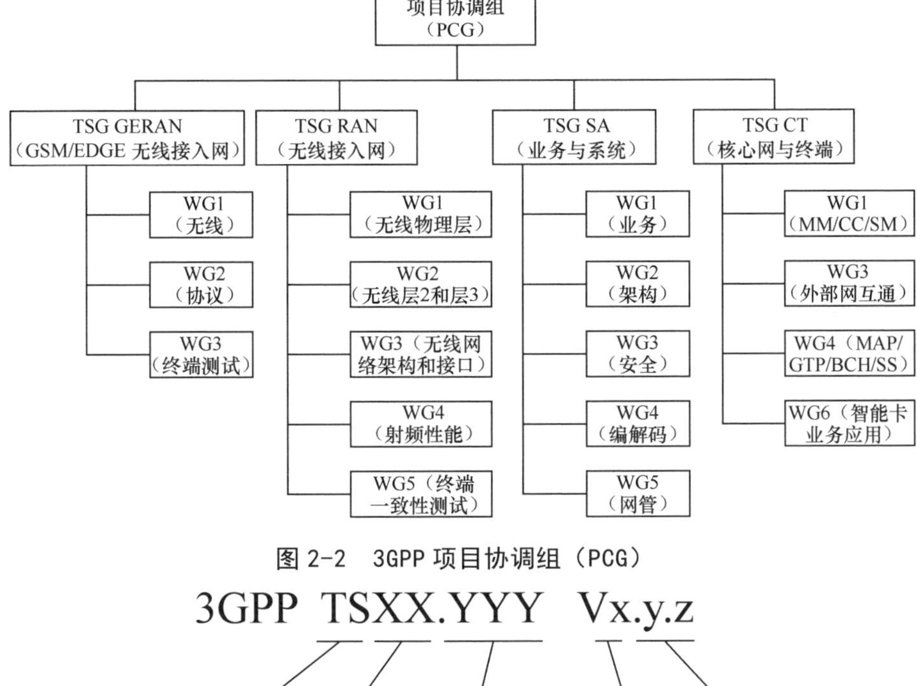

图 2-2　3GPP 项目协调组（PCG）

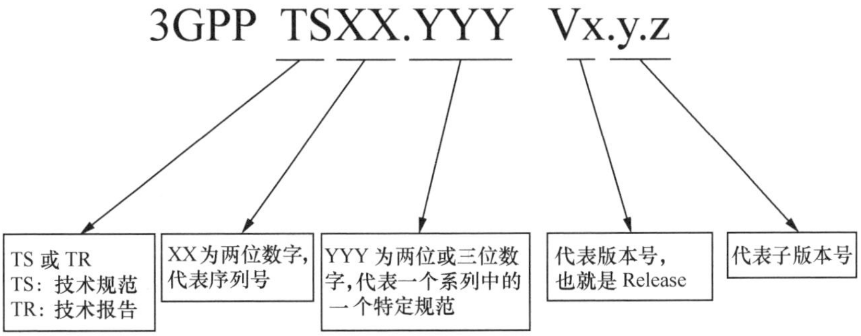

3GPP TSXX.YYY Vx.y.z

TS 或 TR
TS：技术规范
TR：技术报告

XX 为两位数字，代表序列号

YYY 为两位或三位数字，代表一个系列中的一个特定规范

代表版本号，也就是 Release

代表子版本号

图 2-3　3GPP 文档的编码规则

基于各厂商的专利储备和利益考量，每个提案最初都会遭到很多公司反对，很少可以原封不动地通过，因此，需要把提案中的很多内容留到下一次会议中继续讨论，经过不断否定与修正，最终使提案一致通过。

2.3.3　5G 标准时间规划

3GPP 标准化制定基于 Release 计划，工作完成后，相应的 Release 将被冻结。根据 3GPP 此前公布的 5G 网络标准制定过程，5G 网络标准分几个阶段完成。

第一阶段是 R15 标准，为了充分利用现有网络设备并降低网络部署成本，R15 分为 3 个版本：（1）Early drop（早期交付），即支持 5G NSA（非独立组网）模式；（2）Main drop（主交付），即支持 5G SA（独立组网）模式；（3）Late drop（延迟交付），是 2018 年 3 月在原有的 R15 NSA 与 SA 的基础上进一步拆分出的第三部分，包含考虑部分运营商升级 5G 需要的系统架构选项 Option 4 与 Option 7、5G NR 新空口双连接（NR-NR DC）等。R15 标准于 2018 年 6 月已经全部冻结。

第二阶段是 R16 标准，主要关注垂直行业应用及整体系统性能的提升，主要功能包括面向智能汽车交通领域的 5G V2X，在工业 IoT 和 URLLC 增强方面增加可以在工厂全面替代有线以太网的 5G NR 能力（如时间敏感联网等），包括 LAA（Licensed-Assisted Access，授权频谱辅助接入）与非授权频段的 5G NR，其他系统性能的提升与增强包括定位、MIMO 增强、功耗改进等。该标准于 2020 年 7 月冻结，标志着 5G 第一个演进版本标准正式完成。

第三个阶段是 R17 标准，一方面聚焦 R16 的网络和业务能力进一步增强，包括多天线技术、低时延与高可靠特性、工业互联网、终端节能、定位和车联网技术等；另一方面也提出了一些新的业务和能力需求，包括覆盖增强、多播广播、面向应急通信和商业应用的终端直接通信、多 SIM 终端优化等。2019 年 12 月，在西班牙锡切斯举行的 3GPP RAN 第 86 次全会上，3GPP 确定了针对 5G R17 版本的 20 多个研究和工作项目。2020 年 12 月 7 日，3GPP 决定将 R17 标准冻结时间推迟半年，即 2022 年 6 月完成版本协议代码冻结。

第四个阶段是 R18 标准。2021 年 4 月 27 日，3GPP 在第 46 次 PCG 的一个在线会议上，正式将 5G 演进的名称确定为 5G-Advanced。基于 5G-Advanced 的增强网络一方面可以维持产业繁荣；另一方面可以缩小与 6G 愿景之间的差距，大幅提升 eMBB（Enhanced Mobile Broadband，增强移动宽带）性能，推动 XR 等沉浸式新业务的开展，满足行业大规模数字化，实现万物智联等。

5G-Advanced 将从 R18 开始。R18 标准预计于 2023 年年底冻结。

2.3.4 中国广电 5G 标准参与概况

中国无线通信标准研究组于 1999 年加入 3GPP。目前，中国已经有几十家企业或机构加入 3GPP。这其中，广电行业也积极参与了 5G 标准的制定工作。

2018 年 5 月，国家广电总局广播科学研究院成功加入 3GPP。在 2020 年 3 月 19 日，3GPP 第 87 次接入网全会闭幕，中国广电 700MHz 频段 2 × 30/40MHz 技术提案被采纳列入 5G 国际标准，成为全球首个 5G 低频段（Sub-1GHz）大带宽 5G 国际标准，编号为 TR38.888。700MHz 成为全球标准，大大提高了中国广电的知名度，有利于加速 700MHz 产业链成熟和 5G 网络建设的落地。

在 5G NR 广播探索方面，中国广电正牵头推动 5G NR 组播广播技术标准及全球产业生态的成熟。2020 年 9 月，中国广电向 3GPP 全会提案，提出了 5G 广播应用场景，明确在 R17 MBS 技术中支持广播服务（“5G NR MBS 支持广播服务”提案），并获得了 3GPP 全会支持；2020 年 12 月，中国广电作为项目牵头人提交的“针对 5G NR MBS 多播广播服务的 5G 系统架构增强项目提案”也获得了全会审议通过；2021 年 6 月，中国广电牵头提出的“5G 组播广播在 R18 的演进方向”获得了 3GPP 全会审议通过，3GPP 已明确 5G 组播广播将作为 R18 版本的重要功能持续演进。

2.4 通信产业链

通信业已成为国民经济的基础性、支柱性产业，并且不断壮大。

2.4.1 基础电信运营商

电信运营商在整个通信产业链中处于中心位置，它不仅可以提供基础电信服务和增值电信服务，还可以将自身的基础电信网络租赁给增值服务提供商或虚拟运营商，进一步整合业务为客户提供服务。电信运营商主要是通过收取服务费，获取相应的利润。中国的基础电信运营商主要包括中国电信、中国移动、中国联通、中国广电、中信网络等。

电信运营商针对个人用户，可以提供宽带接入、移动通信及其他数据业务服务。对于政企用户，可以提供专线接入、集团网建设、IDC（Internet Data Center，互联网数据中心）资源租赁、互联网应用、行业整体解决方案等服务。

在基础电信运营商中，中国移动注册资本为 3 000 亿元，资产规模近 1.7 万亿元，员工总数近 50 万人。截至 2021 年 6 月，中国移动累计开通 50.1 万个 5G 基站，5G 套餐客户达到 2.51 亿户，5G 网络客户达到 1.27 亿户。中国电信注册资本为 2 131 亿元，集团公司总资产为 7 109.64 亿元，员工总数 40 余万人。截至 2021 年 6 月，中国电信开通的 5G 基站达到 46 万个，5G 套餐用户达到 1.31 亿户，渗透率达到 36.2%。中国联通注册资本为 872.69 亿元，并在2017年引入腾讯、百度、京东等一大批互联网公司作为战略投资者。中国联通、中国电信累计开通5G共建共享基站46.1万个。中国广电成立于2014年，注册资本为50.8亿元，是广电网络参与三网融合的市场主体。中国广电在2016年获得基础电信业务牌照，成为新晋基础电信运营商，并于2019年6月获得5G商用牌照。

2.4.2 设备制造商

设备制造商开发各种通信设备，将其销售给电信运营商和行业、企业客户及个人用户，也可能销售给其他设备制造商。设备制造商在整个通信产业链中具有很强的技术实力。

基站、手机、网络设备等都是由设备制造商开发出来的。设备制造商将基站、交换机、各种线缆等产品销售给运营商，运营商通过组网后向用户提供服务。

主流的设备制造商有华为、中兴、信科、普天、爱立信、诺基亚、思科等。

2.4.3 软件服务商

软件服务商是指提供独立的系统软件或服务程序的服务商，其提供的软件和程序用来管理计算机资源和网络通信，连接两个独立的应用程序或独立的系统，通过中间件交互信息等。

主流的软件服务商有IBM、ORACLE、金蝶、用友、惠普等，主流的设备商如华为、中兴、爱立信、思科等也是软件服务商。

2.4.4 系统集成商

系统集成商的灵活性非常强。系统集成商是设备制造商和行业、企业客户及运营商的“黏合剂”，其主要集成多个厂商的软硬件产品，形成一个解决方案。有的系统集成商也开发或维护软件，向客户提供一系列服务，比如亚信、神州数码等。而华为、中兴等设备商也可以作为系统集成商。

2.4.5 设备代理商

设备制造商在向其客户群体销售自己产品的过程中，可能会遇到两个难题。一是很多设备制造商具备很强的产品开发能力，但不了解整个市场，或因缺乏渠道而难以触达更多客户。实际上很多设备制造商都是因为缺乏足够的销售队伍，不可能针对每个目标客户的需求进行销售，因此就需要发展设备代理商来拓展市场。二是设备制造商没有足够的资金进行大规模产品周转。这个时候需要设备代理商垫资，保证制造商加快回款周期。此外，设备代理商有一定的客户关系，比较了解客户的需求。

2.4.6 增值服务商

增值服务商就是业内所谓的 SP[1]（Service Provider，服务提供商），其利用电信运营商的资源（如客户资源、宽带资源等），为用户提供增值服务。手机类增值服务如视频彩铃、天气预报等，大屏类增值业务如音乐、游戏、教育、生活等。有的增值服务是通过通信账户或电视账户直接付费，也有的增值服务是通过第三方付费，如微信、支付宝等。

2.4.7 虚拟运营商

虚拟运营商拥有某种能力（如技术、设备供应、渠道服务、客户获取能力

1　与SP相对应的还有CP（Content Provider，内容提供商），两者在增值服务中扮演不同的角色。

等，一般至少要具备客户获取能力），可以和基础电信运营商在某项业务上进行合作。基础电信运营商按照一定的利益分成比例，把业务交给虚拟运营商，让自己有更多的时间、精力做更有意义和更擅长的事情。

在某种意义上，虚拟运营商有点像运营商的渠道，租用运营商资源发展业务，积累客户，提供特定的增值业务。

2.4.8 监管机构和产业联盟

官方的管理机构包括国家机关和事业单位，对整个行业起到规范、监督的作用，如工信部就是通信业的管理机构（各地都有通信管理局），国家广电总局就是广电系的管理机构（各地都有广电局）。官方的管理机构履行标准制定、牌照发放、互联互通等监督和管理职责。

每个行业都有自己的联盟，有的联盟是官方指导，有的联盟是民间设立，属于非政府组织，联盟的作用主要是促进行业交流和沟通，形成合作关系，推进产业生态发展等。

2.4.9 标准化组织

标准化组织跟官方机构、联盟的属性不一样，其具有一定的权威性。标准化组织建立的标准是组织所有成员需要共同遵守的规则。

标准化组织有国际标准化组织、区域标准化组织、行业标准化组织、国家标准化组织。

在通信领域，国际电信联盟是国际上通信界最具影响力的标准化组织。国内通信界最权威的是中国通信标准化协会（China Communications Standards Association，CCSA）。该协会是以开展通信技术领域标准化活动为目的的非营利性法人社会团体。

2.4.10 科研院所

广电和通信领域都有各自的研究院所体系，这些高校和院所主要是为政府、运营商、设备商及行业所有的参与者提供面向未来的科技研究、政策制定、标准探讨与制定、入网检测等服务。

2.4.11 规划设计院

通信网络工程实施必须先有规划设计，然后才有建设实施。在广电、通信行业，规划设计院为运营商等提供网络规划建设工程咨询、评估、设计等。当然，规划设计院本身需要具备多种资质才能开展服务。

2.4.12 投资机构

投资机构或者投资人是整个通信产业发展的一个隐形推手，除了专业综合投资机构，运营商、设备商等都会设立专业的公司来进行投资。比如中国移动就设有两家投资公司，即“中移资本控股有限责任公司”和“中移投资控股有限责任公司”。

2.5 四大运营商组织架构与变革

从 2G 发展到 5G，对运营商来说首先是市场格局的根本性变化与更激烈的市场竞争。在 QQ、微信等移动应用的替代下，传统通信市场多年来已处于“增量不增收”的格局中。为发展新型数据市场，电信运营商近年来一直在调整传统组织架构，例如在渠道营销层面推进在线化。

更重要的是，移动通信向 5G 及未来 6G 的发展与演进，正是为了适应数字社会、智慧社会的发展需求，要更深入地连接物理社会与数字社会。因此，5G 时代除了要继续做大消费互联网，更要推动产业互联网的发展，还要推动工业互联网、智慧城市、智慧教育、智慧医疗、智慧办公、数字农村等领域的发展与进步。为了拓展政企市场及产业互联网市场，电信运营商需要进一步调整相关组织架构，以实现更快的响应、更精准的服务和更优质的产品体验。

2.5.1 中国电信组织变革

1. 中国电信总部组织架构

如图 2-4 所示，在中国电信集团有限公司组织架构中，除了设有企业战略部、人力资源部、财务部、审计部、法律部、科技创新部等支撑部门及党组党群、集团工会等特定部门外，还设有市场部、云网发展部、云网运营部（大数据和 AI 中心）、5G 共建共享工作组、国际部、资本运营部、客户服务部等业务相关部门。

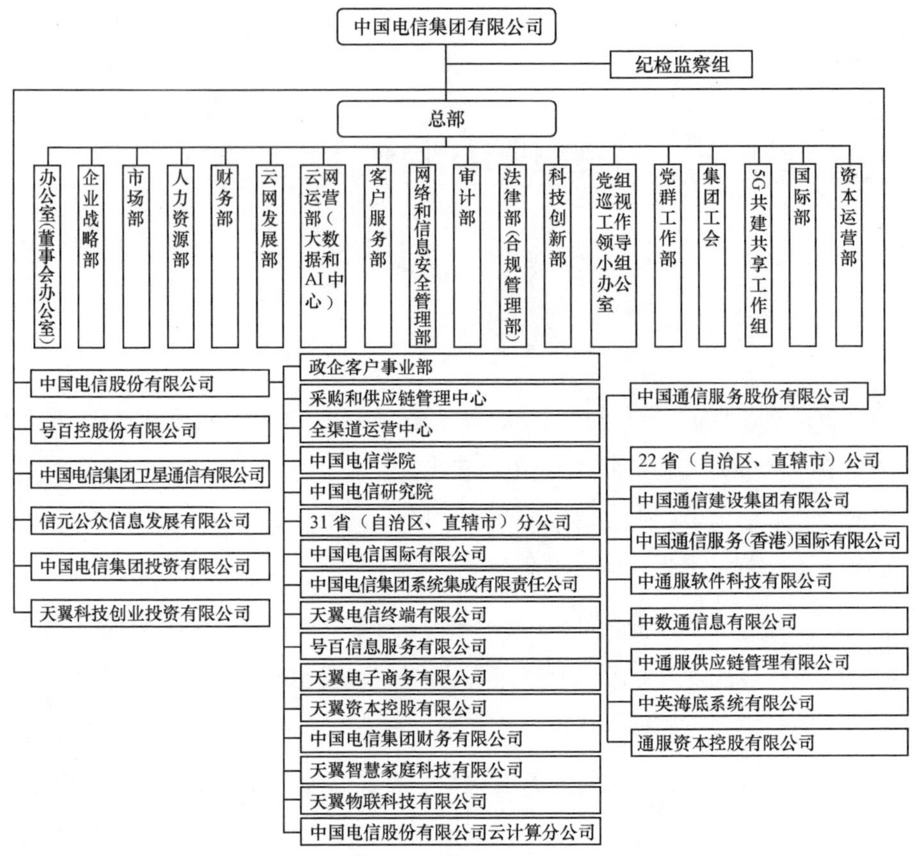

图 2-4　中国电信集团有限公司组织架构

资料来源：中国电信 2020 年可持续发展报告（中国电信于 2021 年 8 月 20 日在上交所上市后，相关架构与之类似）

近年来，中国电信组织架构的变革调整主要有两点：一是在网络线继续发挥网络优势，大力推进云网融合，并重视网络安全工作；二是在业务线构建政企 BG（Business Group，业务组）以期望抓住产业互联网发展的机遇。

2. 网络线调整

（1）网络线整体组织调整

2019 年年底，中国电信在集团层面进行了较大的组织架构调整，撤销网络运行维护事业部、企业信息化事业部，设立云网运营部（大数据和AI中心），并将网络发展部更名为云网发展部。云网运营部因此成为中国电信集团中规模最大的部门之一。同时，撤销原与网络运行维护事业部合署办公的网络与信息安全管理部，新设立网络和信息安全管理部，以强化网络和信息安全工作。

（2）网络线组织改革深化

2021年5月底，为落实“云改数转”战略，中国电信对云网运营部再次进行了改革，其中网络操作维护中心已调整为智能云网调度运营中心（见图2-5），主要负责云网及应用生产体系建设和流程优化、全网端到端客户感知保障、集团集约云网及应用的维护等工作，对省智能云网调度运营中心、省网优中心、专业公司相关操作运营中心进行生产指挥调度和技术支撑[云网运营部的三大中心，即智能云网调度运营中心（原网络操作维护中心）、政企智能服务运营中心（原客户维护服务中心）、智能云网业务运营中心（原IT运营中心）]。

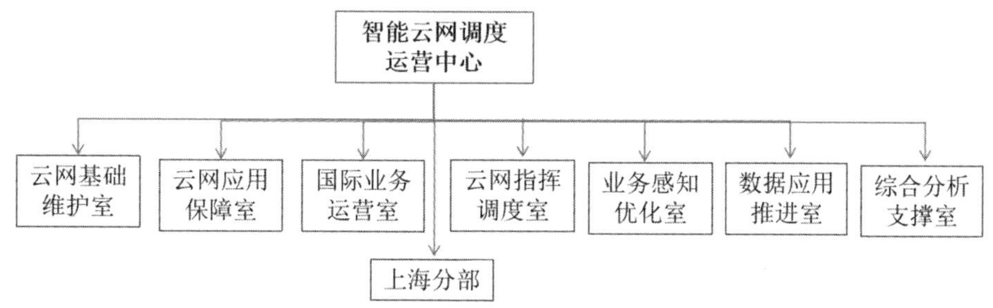

图2-5　中国电信网络线组织架构

总的来说，云网融合是中国电信网络线改革最大的亮点。此前，中国电信一直在依托完备的基础设施、先进的云网基础打造统一架构、统一管理的天翼云，因此，在2019年年底设立云网运营部（大数据和AI中心）可谓水到渠成，而2021年5月设立智能云网调度运营中心及下属各室则是进一步落实云网融合工作。从组织架构设置来看，“云网”已覆盖网络建设、维护、运营、应用、综合分析等所有后端环节。

3. 政企线调整

2020 年 9 月，中国电信按信息服务事业群管理，将政企客户事业部提升为政企信息服务事业群，以深化市场化改革。中国电信政企线事业群组织架构如图 2-6 所示。

图 2-6 中国电信政企线事业群组织架构

中国电信将原政企事业部提升至政企事业群正是为了更好地把握产业互联网发展机遇。

2.5.2 中国移动组织变革

1. 中国移动总部组织架构

图 2-7 所示为截至 2020 年年底的中国移动通信集团有限公司组织架构。其中，中国移动有限公司在中国香港和美国纽约上市，此前为“中国电信（香港）有限公司”，也被称为“中国移动（BVI）有限公司”，其下的中国移动通信有限公司是由于资产阶段性上市需要而设立的。

在中国移动总部组织架构中，除了设立发展战略部、人力资源部、财务部、审计部、法律与监管事务部、计划建设部 / 扶贫办公室等支撑部门及党组党群、集团工会等特定部门外，还设有市场经营部、政企事业部、技术部、网络事业部、客户服务部、国际业务部等业务相关部门。

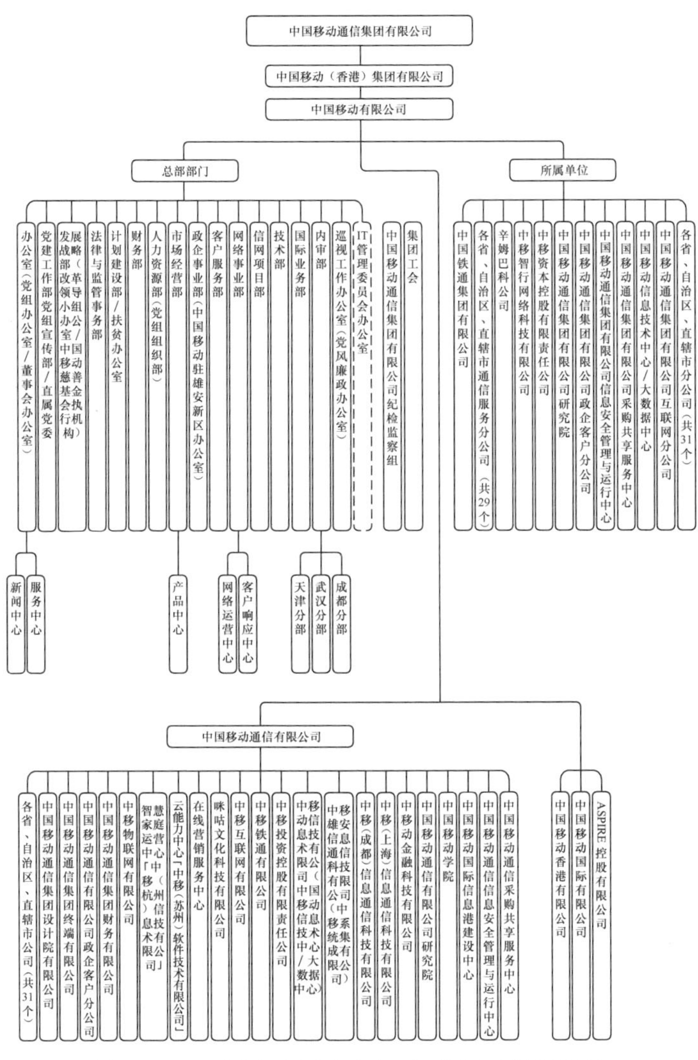

图 2-7　中国移动通信集团有限公司组织架构

资料来源：中国移动 2020 年可持续发展报告（不过中国移动在 A 股上市后，相关架构会有所变化）

2. 政企业务线组织变革

（1）政企业务线组织变革背景

2012 年 8 月，中国移动总部集团客户部转为独立和专业化的政企分公司。

虽然政企分公司成绩斐然，但其与各省政企业务部门一直存在利益冲突。2019 年 7 月，政企分公司不再作为专业的业务公司，而是重新成为集团公司的职能管理部门。

（2）政企业务线改革内容

新的政企业务线形成“1+3+3”和 T 形结构的政企体系，如图 2-8 所示。

- “1”代表成立政企事业部，负责集团政企市场的统筹指挥、资源调度和整体协调。
- 第一个“3”代表 3 个产业研究院，即雄安产业研究院、上海产业研究院和成都产业研究院。
- 第二个“3”代表 3 个非常重要的专业公司，云能力中心（苏州研发中心）、物联网公司及即将成立的中国移动系统集成公司。
- “T 形”则是集团公司、各省公司形成纵向一体化的政企体系。管理职能将收归总部，业务开展将由各分公司负责。

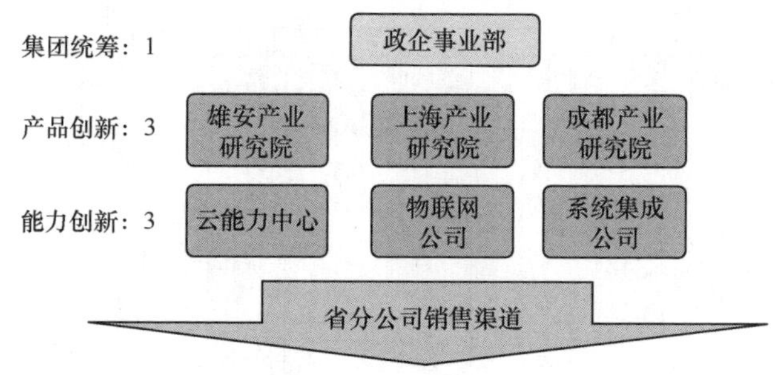

图 2-8　中国移动政企事业部 T 形组织

（3）政企开拓配套举措

中国移动将加强对外联合创新，以拓宽政企发展的合作领域，具体举措主要有：牵头成立全球 5G 联合创新中心，设立 23 个开放实验室，促进 5G 核心技术和重点应用的创新突破；设立产业投资基金和产业数字化联盟，打造 100 个 5G 应用示范场景。

（4）政企产品线重新梳理

中国移动政企改革之后推出的产品如下。

① 省公司的专线产品和 IDC 产品。这是政企板块的基础网络服务产品和信息化产品，可以覆盖所有行业。

② 云能力中心的云产品。这是在 IDC 产品之上可以叠加和覆盖各行业的产品，可深入商业性客户应用层面，具有重要的战略意义。

③ 以物联网公司为代表的物联网产品。这是中国移动政企板块可以深入覆盖各个行业的产业互联网产品线，具有更广阔的市场空间和更重要的战略意义。

④ 集成公司以智慧城市为代表的产品。这是为 5G 领域的市场提供的服务，可以在各级政府层面广泛落地，并具有重要的战略意义。

除上述产品之外，3 个产业研究院还定位重新梳理垂直行业的产品线。此前中国移动提出过 26 个垂直行业，包括教育、金融、医疗、交通等。

（5）政企业务流程管理重定

政企分公司变成政企事业部后便成为职能部门，更多的是在分管领导的指挥下对产品公司政企部门和省公司政企部门进行协调管理。4 类水平产品和垂直产品由省政企公司、云能力中心、物联网公司、集成公司及 3 个产业研究院提供。各省的政企部门架构不动，其主要是政企线条的渠道部门，销售集团提供的“4+N”产品，覆盖各行各业。

3. 客户服务线改革概况

2020 年 11 月，中国移动全面启动营销服务体系改革，并整合中移在线和中国移动集中运营中心成立“在线营销服务中心”。

（1）聚焦在线渠道，推动线上、线下一体化

长期以来，中国移动的线上渠道建设因组织架构等原因，呈现出多点分散

运营的状态。服务资源不集中、不统一的现状影响了用户体验和满意度，导致线上业务的增量并不理想。同时，客服渠道也存在一线工具繁杂而赋能不足、政企业务繁多而能力不够的问题。此次变革，中国移动将全面整合线上渠道，做好面向互联网、热线、消息等线上非接触类渠道运营，加快传统线上渠道的互联网化、智能化升级。

（2）加强、加快权益平台建设，促进全网生态合作运营

在线营销服务中心也将加快权益平台建设，以权益超市为载体，打造 5G 时代数字消费；并与头部互联网公司、全国性连锁企业开展总部对总部的 2×2C 生态合作，通过权益运营、异业合作等方式成为“跨场景生态合作”的运营支撑者。

2.5.3 中国联通组织变革

1. 中国联通总部组织架构

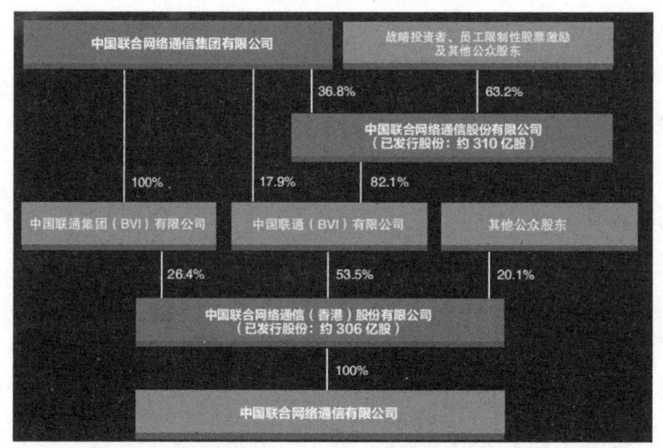

图 2-9　中国联合网络通信集团有限公司组织架构

资料来源：中国联通 A 股上市公司 2020 年财报

图 2-9 所示为中国联合网络通信集团有限公司组织架构。其中，中国联合网络通信股份有限公司是联通 A 股上市公司；中国联合网络通信（香港）股份有限公司，是联通 H 股上市公司，又称联通红筹公司；中国联合网络通信有限公司，又称运营公司。

2. 大市场统筹改革

（1）改革内容

2019 年年底到 2020 年上半年，中国联通在集团层面全面梳理总部和各级分部功能定位。2020 年 3 月 3 日，中国联通公司党组审议通过了《大市场统筹运营组织体系改革方案》。新的市场部主要职责是负责集团营销模式的建立，改革的主要目标是聚焦客户价值经营、品牌塑造与传播、产品创新、全渠道运营、中台、大数据、生态合作、金融等八大能力建设。

此次改革的主要内容是，通过改革建立大市场统筹下的贯穿总部、省份、地市及区县的四级新型运营体系，按照“统筹”“产品”“运营”三大板块，整合市场线资源。

第一，在总部层面建立“1 部 2 中心”。“1 部”，即将市场部作为大市场体系的规划者和资源协调者，负责市场前后端的统筹协调组织；“2 中心”，即建立大市场统筹下的“产品中心”和“渠道运营中心”。

第二，在省公司层面实现“管”“办”分离。市场营销部负责规则与策略制定、统筹资源等，可设置独立的产品研发板块；地市公司设立营销部，负责客户运营与末梢支撑；区县公司以末梢生产组织为载体，负责落地执行。从组织分工或资源梳理情况看，“统筹资源”与“产品研发”的职责主要落在集团总部和省公司；而“运营”或“营销”的职责主要落在地市公司和区县公司。

第三，在改革过程中实行分阶段推进。第一阶段，重点补全大市场统筹职能，迅速提高公众市场产品能力，推进线上线下一体化，打造大统筹全运营的公众市场体系；第二阶段，通过对产品、能力的进一步统筹整合，待集约共享、赋能渠道条件成熟后，将建立“市场部 + 公众 BG”的市场与运营解耦模式。

（2）中国联通市场部产品中心设置

大市场组织体系下的产品中心，将整合市场、电子商务相关业务，负责产品的统筹管理与研发，落实产品全生命周期管理，加快推动产品转型。

图 2-10 所示为中国联通市场部产品中心组织架构。为了“去机关化、去行政化、去层级化”，新成立的产品中心内设立了 6 个“室”或者“BU（Business Unit，业务单元）”，即全量客户运营中心、虚商及批发业务室、平台及生态 BU、客户洞察室、产品设计室、产品管理室。这 6 个“室”或者“BU”都是由市场部原有的 6 个机构转变而来。从部分 BU 的名称来看，也具有明显的互联网风格。

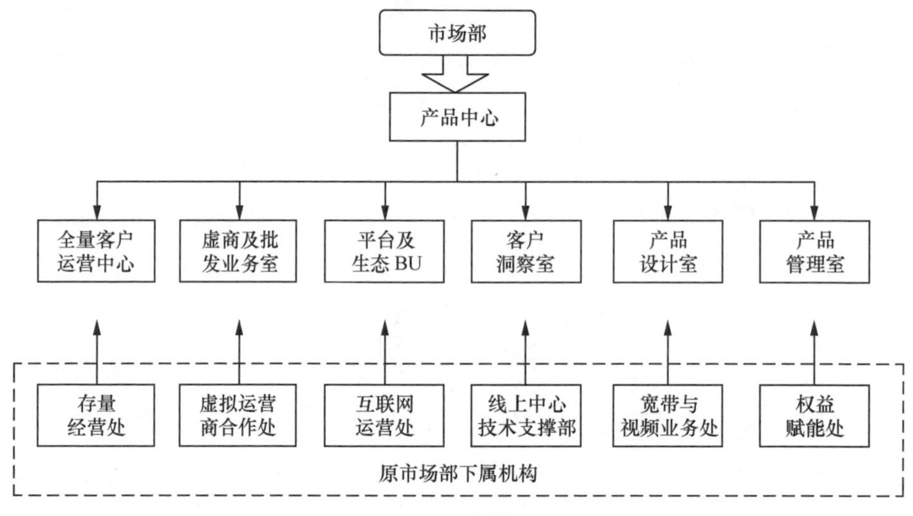

图 2-10　中国联通市场部产品中心组织架构

（3）中国联通市场部渠道运营中心设置

大市场组织体系下的渠道运营中心，将整合实体渠道、电子商务相关业务，负责产品在各类触点的销售，以实现增量与存量、销售与服务、营销与交付、产品与触点之间的高效运营协同。该中心实际上就是将中国联通电子商务中心与中国联通市场部与渠道有关的人员合并，如图 2-11 所示。

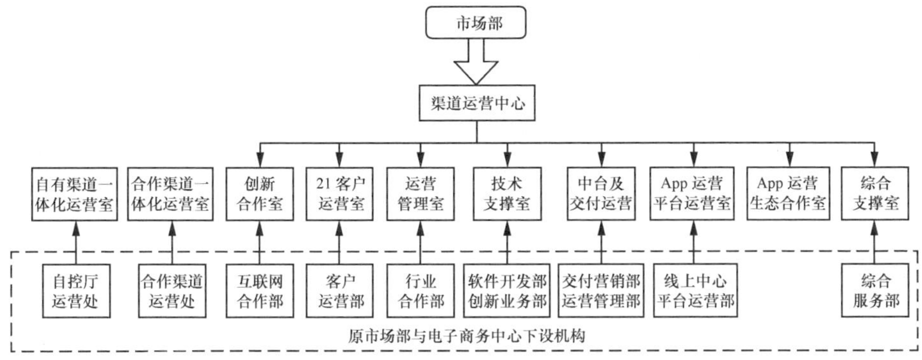

图 2-11　中国联通市场部渠道运营中心组织架构

渠道运营中心各室负责人大多来自原电子商务中心，所以新成立的渠道中心在一定程度是从原电子商务中心分离而来（电商化则上升为整个市场部属性）。2018 年，中国联通内部将电子商务部和互联网运营部合并，成立了中国联通电子商务中心。互联网运营部门前身是负责 SP 业务产品的创新部，后期因为时代变化逐渐转变推出互联网产品运营。而电子商务部门则是通过电商销售联通的产品。所以，二者都属业务销售部门。再次分离出渠道运营中心，则是为了进一步确立线上线下一体化的电商化销售模式。不过从该中心的 BU 设置来看，该中心还处在中间层次，未来可能进一步调整。

（4）大市场部改革体现互联网化

中国联通的大市场统筹改革工作，目的在于通过重新梳理资源，建立贯穿到底的市场运营体系，实现互联网化转型。从转型性质来看，这次改革的最本质内容是，增强电商的作用和互联网化。此前电商业务只是作为中国联通的一个部门而单独存在，或者代表一类产品、一类渠道。而改革后全公司的业务都将进一步按照互联网化的方式运作，推进整体性的数字化转型，实现线上线下的一体化融合。

就产品中心和渠道中心而言，其设立本身就具有互联网化意义。就分工而言，产品中心类似于互联网领域的“中台”，产品中心的许多员工相当于互联网机构的产品经理；而渠道中心就是“前台”。中国联通未来将建立“市场部＋公众 BG”的模式，即市场与运营的解耦模式，这也符合“中台”与“前台”解耦的思想。因此，从业务流程管理角度，中国联通大市场部改革思路与中国移动政企改革思路有相似之处。

2.5.4 中国广电组织架构

目前，中国广电已基本形成包括集团（中国广电股份）、各省子公司及专业子公司在内的清晰架构。表 2-1 和表 2-2 是依据公开信息整理的中国广电集团公司、中国广电网络股份有限公司下属机构状况。

表 2-1　中国广电集团公司下属机构状况

中国广播电视网络集团有限公司			
类别	序号	公司名称	占股比例
控股公司	1	中广电国际网络有限公司	100%
	2	中广资本控股（北京）有限公司	100%
	3	中广基金管理有限公司	70%
	4	中国有线电视网络有限公司	69.82%
	5	中广融合智能终端科技有限公司	65%
	6	中国广电网络股份有限公司	60.48%
	7	广视云传媒有限公司	51%
	8	中广移动网络有限公司	51%
	9	中国广电黑龙江网络股份有限公司	51%
参股公司	1	国广东方网络（北京）有限公司	35%
	2	中广宽带网络有限公司	11.25%
	3	中国广视索福瑞媒介研究有限责任公司	4%
	4	东方嘉影电视院线传媒股份公司	2%

续表

中国广播电视网络集团有限公司			
类别	序号	公司名称	占股比例
分公司	1	中国广播电视网络有限公司河北雄安分公司	—
	2	中国广播电视网络有限公司华南分公司	—
代管公司	1	中广传播集团有限公司	—

表 2-2　中国广电网络股份有限公司下属机构状况

中国广电网络股份有限公司			
类别	序号	公司名称	占股比例
省网子公司	1	北京歌华有线电视网络股份有限公司	19.09%
	2	中国广电安徽网络股份有限公司	51%
	3	中国广电湖南网络股份有限公司	51%
	4	中国广电甘肃网络股份有限公司	51%
	5	中国广电青海网络股份有限公司	51%
	6	中国广电西藏网络有限公司	51%
	7	中国广电重庆网络股份有限公司	51%
	8	中国广电广州网络股份有限公司	51%
	9	中国广电福建网络有限公司	51%
	10	中国广电新疆生产建设兵团网络有限公司	51%
	11	中国广电宁夏网络有限公司	51%
	12	中国广电山西网络有限公司	51%
	13	中国广电江西网络有限公司	51%
	14	中国广电山东网络有限公司	51%
	15	中国广电河南网络有限公司	51%
	16	中国广电天津网络有限公司	51%
	17	中国广电河北网络股份有限公司	51%
	18	中国广电内蒙古网络有限公司	51%
	19	中国广电新疆网络股份有限公司	51%
	20	中国广电云南网络有限公司	51%
	21	广东省广播电视网络股份有限公司	49.98%
	22	中国广电黑龙江网络股份有限公司	51%（中国广电）

续表

中国广电网络股份有限公司			
类别	序号	公司名称	占股比例
省网子公司	23	中国广电辽宁网络股份有限公司	暂未变更
	24	中国广电四川网络股份有限公司	暂未变更
专业子公司	1	中广电传媒有限公司	46.15%
	2	中广投网络产业开发投资有限公司	43.70%
	3	中广宽带网络有限公司	35%
	4	中广电国际网络有限公司	100%（中国广电）
	5	中广资本控股（北京）有限公司	100%（中国广电）
	6	中广基金管理有限公司	70%（中国广电）
	7	中广融合智能终端科技有限公司	65%（中国广电）
	8	中广移动网络有限公司	51%（中国广电）

根据公开媒体报道，新成立的中国广电网络股份有限公司，目前成立了 5 个集群 16 个部门。

- 综合保障集群：综合部（董事会办公室）、人力资源部、党群工作部（党委办公室）；
- 运营管理集群：战略发展部、财务部、投资管理部、企业管理部、物资采购部；
- 市场经营集群：市场部、业务发展部、媒资管理部（总编室）；
- 技术支撑集群：技术部、网络安全中心、研究院；
- 内控监督集群：审计部（监事会办公室、合规部）、纪检监察部。

未来，为了真正落实“智慧广电”政策，中国广电必须要逐步推进组织结构调整与优化，以适应 5G 时代的激烈市场竞争和把握蓬勃发展的产业互联网市场机遇。这方面，广电运营商需要深入研究与借鉴电信运营商的企业管理体系与组织架构变革（包括战略、组织架构、人力资源与薪酬体系），并结合自身情况和特点积极推动自身组织变革。这将是全体广电网管理者面临的一个紧迫性命题。

2.6 运营商与 5G 频率

从广电要进军移动通信开始，就与 700MHz 无线频段不可分割。700MHz 频段为什么被称为黄金频段？5G 时代的毫米波又是什么？各大运营商的频率资源有什么差异？这些将是本节要介绍的内容。

2.6.1 频率基本知识

电磁波是无线通信传递信息的载体，而频率和振幅就是电磁波的两个关键参数。频率是指波单位时间里振动的次数，振幅是指波振动的范围和强度。频率越低，波长越长，穿透性越好，但携带的信息少；而频率越高，波长越短，能量越高，携带的信息越多，但穿透性差（而且频率越高对人体伤害也越大，比如医学中的 X 射线就是频率非常高的电磁波）。

通过使用不同的频率，环境中的 2G 信号、3G 信号、无线广播、Wi-Fi 信号可以互不干扰。比如 Wi-Fi 路由器就可以支持 5GHz（4.9 ～5.9GHz）或者 2.4GHz（2.4 ～2.5GHz）。频率并不是越低越好，也不是越高越好，因为相关的数据需要（基于特定标准）在一定的频率范围（Frequency Range，FR）内传输，而频率的范围就是频段，2GHz 以下为低频段，3 ～6GHz 为中频段，24GHz 以上为高频段。

5G 频率范围分为两个区域，一个是 FR1，频率范围是 450MHz ～6GHz，也叫 Sub6G（低于 6GHz）。另一个是 FR2，频率范围是 24 ～52GHz，即毫米波。3GPP 已指定了 5G NR 频段，如表 2-3 所示。

表 2-3　5G NR 频段划分

频段号	上行	下行	带宽	双工模式
n1	1 920MHz ～ 1 980MHz	2 110MHz ～ 2 170MHz	60MHz	FDD
n2	1 850MHz ～ 1 910MHz	1 930MHz ～ 1 990MHz	60MHz	FDD
n3	1 710MHz ～ 1 785MHz	1 805MHz ～ 1 880MHz	75MHz	FDD
n5	824MHz ～ 849MHz	869MHz ～ 894MHz	25MHz	FDD
n7	2 500MHz ～ 2 570MHz	2 620MHz ～ 2 690MHz	70MHz	FDD
n8	880MHz ～ 915MHz	925MHz ～ 960MHz	35MHz	FDD
n20	832MHz ～ 862MHz	791MHz ～ 821MHz	30MHz	FDD
n28	703MHz ～ 748MHz	758MHz ～ 803MHz	45MHz	FDD
n38	2 570MHz ～ 2 620MHz	2 570MHz ～ 2 620MHz	50MHz	TDD
n41	2 496MHz ～ 2 690MHz	2 496MHz ～ 2 690MHz	194MHz	TDD
n50	1 432MHz ～ 1 517MHz	1 432MHz ～ 1 517MHz	85MHz	TDD
n51	1 427MHz ～ 1 432MHz	1 427MHz ～ 1 432MHz	5MHz	TDD
n66	1 710MHz ～ 1 780MHz	2 110MHz ～ 2 200MHz	70/90MHz	FDD
n70	1 695MHz ～ 1 710MHz	1 995MHz ～ 2 020MHz	15/25MHz	FDD
n71	663MHz ～ 698MHz	617MHz ～ 652MHz	35MHz	FDD
n74	1 427MHz ～ 1 470MHz	1 475MHz ～ 1 518MHz	43MHz	FDD
n75	N/A	1 432MHz ～ 1 517MHz	85MHz	SDL
n76	N/A	1 427MHz ～ 1 432MHz	5MHz	SDL
n77	3 300MHz ～ 4 200MHz	3 300MHz ～ 4 200MHz	900MHz	TDD
n78	3 300MHz ～ 3 800MHz	3 300MHz ～ 3 800MHz	500MHz	TDD
n79	4 400MHz ～ 5 000MHz	4 400MHz ～ 5 000MHz	600MHz	TDD
n80	1 710MHz ～ 1 785MHz	N/A	75MHz	SUL
n81	880MHz ～ 915MHz	N/A	35MHz	SUL
n82	832MHz ～ 862MHz	N/A	30MHz	SUL
n83	703MHz ～ 748MHz	N/A	45MHz	SUL
n84	1 920MHz ～ 1 980MHz	N/A	60MHz	SUL
n257	26 500MHz ～ 29 500MHz	26 500MHz ～ 29 500MHz	3 000MHz	TDD
n258	24 250MHz ～ 27 500MHz	24 250MHz ～ 27 500MHz	3 250MHz	TDD
n260	37 000MHz ～ 40 000MHz	37 000MHz ～ 40 000MHz	3 000MHz	TDD

2.6.2　电信运营商频率资源与 5G 网络覆盖

从三大运营商拥有的频率来看，目前我国仅对 5G FR1 中的频段进行了分配。

1. 中国移动

中国移动获得的 5G 频段为 2 525 ～2 675MHz，共 160MHz，频段号为 n41，这部分频段与其 4G 所在频率范围重叠，因此，5G 要想在 FR1 使用到 100MHz 带宽，就必须将 4G 移到高频段，以便空出 100MHz 的带宽给 5G 使用。而中国移动获得的另一部分 5G 频段为 4 800 ～4 900MHz 共 100MHz，频段号为 n79；但目前该频段的技术还不够成熟，如表 2-4 所示。所以，中国移动在 5G 的投入不会小。

表 2-4　中国移动分配的无线频段

<table>
<tr><th rowspan="2">运营商</th><th colspan="3">频率</th><th rowspan="2">带宽</th><th rowspan="2">合计带宽</th><th rowspan="2">网络制式</th></tr>
<tr><th>频段</th><th colspan="2">频率范围</th></tr>
<tr><td rowspan="7">中国移动</td><td>900MHz（Band8）</td><td>上行 899 ～ 904MHz</td><td>下行 934 ～ 949MHz</td><td>15MHz</td><td rowspan="7">TDD 频段：355MHz
FDD 频段：40MHz</td><td>2G/NB-IoT/4G</td></tr>
<tr><td>1 800MHz（Band3）</td><td>上行 1 710 ～ 1 735MHz</td><td>下行 1 805 ～ 1 830MHz</td><td>25MHz</td><td>2G/4G</td></tr>
<tr><td>2GMHz（Band34）</td><td colspan="2">2 010 ～ 2 025MHz</td><td>15MHz</td><td>3G/4G</td></tr>
<tr><td>1.9GMHz（Band39）</td><td colspan="2">1 880 ～ 1 920MHz，
实际使用 1 885 ～ 1 915MHz，并腾退 1 880 ～ 1 885MHz</td><td>30MHz</td><td>4G</td></tr>
<tr><td>2.3GMHz（Band40）</td><td colspan="2">2 320 ～ 2 370MHz，仅用于室内</td><td>50MHz</td><td>4G</td></tr>
<tr><td>2.6GMHz（Band41，n41）</td><td colspan="2">2 525 ～ 2 675MHz</td><td>160MHz</td><td>4G/5G</td></tr>
<tr><td>4.9GMHz（n79）</td><td colspan="2">4 800 ～ 4 900MHz</td><td>100MHz</td><td>5G</td></tr>
</table>

2. 中国联通

如表 2-5 所示，中国联通获得的 5G 频段为 3 400 ～3 500MHz 共 100MHz，频段号为 n78。3.5GHz 频段是全球公认的 5G 热门频段，其产业链很成熟，投入成本相对较低。

表 2-5 中国联通分配的无线频段

运营商	频率			带宽	合计带宽	网络制式
	频段	频率范围				
中国联通	900MHz（Band8）	上行 904 ～ 915MHz	下行 949 ～ 960MHz	11MHz	TDD 频段：120MHz FDD 频段：56MHz	2G/NB-IoT/3G/4G
	1 800MHz（Band3）	上行 1 735 ～ 1 765MHz	下行 1 830 ～ 1 860MHz	20MHz		2G/4G
	2.1GMHz（Band1，n1）	上行 1 940 ～ 1 965MHz	下行 2 130 ～ 2 155MHz	25MHz		3G/4G/5G
	2.3GMHz（Band40）	2 300 ～ 2 320MHz，仅用于室内		20MHz		4G
	2.6GMHz（Band41）	2 555 ～ 2 575MHz，已重新分给中国移动，正在清频		20MHz		4G
	3.5GMHz（n78）	3 400 ～ 3 500MHz		100MHz		5G

3. 中国电信

如表 2-6 所示，中国电信获得的 5G 频段为 3 500 ～3 600MHz 共 100MHz，频段号为 n78。因为该频段与中国联通所在频段连续，所以两者通过共建共享可以投入较低成本建成 200MHz 大宽带 5G 网络。

表 2-6 中国电信分配的无线频段

运营商	频率			带宽	合计带宽	网络制式
	频段	频率范围				
中国电信	850MHz（Band5，BCO）	上行 824 ～ 835MHz	下行 869 ～ 880MHz	11MHz	TDD 频段：100MHz FDD 频段：51MHz	3G/4G
	1 800MHz（Band3）	上行 1 775 ～ 1 785MHz	下行 1 860 ～ 1 880MHz	20MHz		4G
	2.1GMHz（Band1，n1）	上行 1 920 ～ 1 940MHz	下行 2 110 ～ 2 130MHz	20MHz		4G
	2.6GMHz（Band41）	2 635 ～ 2 655MHz，已重新分给中国移动，正在清频		20MHz		4G
	3.5GMHz（n78）	3 500 ～ 3 600MHz		100MHz		5G

2.6.3 中国广电频率资源与 5G 网络覆盖

前面主要介绍了三大运营商各自的频率资源，接下来了解一下中国广电的 5G 频率资源。

1. 4.9GHz

2020 年 1 月，工信部向中国广电颁发 4.9GHz 频段 5G 试验频率使用许可，同意其在北京等 16 个城市部署 5G 网络。此次试验频率使用许可，标志着中国广电在相关地区正式获得 5G 频率使用权。

2. 3 300～3 400MHz

2020 年 2 月，工信部分别向中国电信、中国联通、中国广电颁发无线电频率使用许可证，同意上述 3 家企业在全国范围共同使用 3 300 ～3 400MHz 频段资源用于 5G 室内覆盖。

相关数据显示，5G 时代 70% 的数据流量和业务都发生在室内场景（如交通枢纽、体育场馆、医院、地铁、购物中心、学校、酒店、写字楼等），所以 5G 对于室内的覆盖非常重要。

3. 700MHz

2016 年 2 月，国家广电总局明确将 700MHz 频段划给中国广电。2020 年 4 月 1 日，工信部发布了《关于调整 700MHz 频段频率使用规划的通知》，将 702 ～798MHz 频段频率使用规划调整用于移动通信系统，并将 703 ～743/758 ～798MHz 频段规划用于频分双工（FDD）工作方式的移动通信系统。

2020 年 5 月 20 日，中国广电与中国移动签订 5G 共建共享合作框架协议。框架协议约定，双方共建共享 700MHz、共享 2.6GHz 频段 5G 无线网络，在保持各自品牌和运营独立的基础上，共同探索产品、运营等方面的模式创新，开展内容、平台、渠道、客户服务等方面的深入合作。

700MHz 频段具有信号传播损耗低、覆盖广、穿透力强、组网成本低等特点，也被认为是发展移动通信的黄金频段。以农村为例，2.6GHz 组网所需基站数量约为 700MHz 组网的 5 倍、3.5GHz 组网所需基站数量约为 700MHz 组网的 6 倍、4.9GHz 组网所需基站数量约为 700MHz 组网的 9 倍。从用户终端的角度看，相同发射功率下信号的传输效率越高，电力消耗就会越低，终端待机和使用时间相应增加；由于 700MHz 波长相对更长，如果移动速度相同，入射角相同则多普勒频偏更小，在高铁、高速公路等高速移动的场景应用效果更佳。

通过 700MHz 频段与 4.9GHz 频段联合组网，可以实现“低频广覆盖 + 中频扩容覆盖”协同效应，且采用独立组网支撑全业务服务，这样的 5G 网络覆盖比三大运营商的 5G 频率情形更具优势。

PART

第 3 章

建设广电 5G 新网络

本章概要

5G 基础设施建设需要投入大量资金。为避免重复投资，同时提高 5G 网络利用率、缩短投资回报周期，共建共享便成为大势所趋。基础电信领域由此出现了“四张牌照、两张网络”的格局，即中国联通与中国电信共建共享 5G 网络，中国移动与中国广电共建共享 5G 网络。

广电 5G 网络的建设是基于共建共享原则，但广电人不能因此忘了自主自立，依然要清晰理解 5G 网络建设框架、逻辑与发展趋势。

3.1 5G 700MHz 共建共享

5G 共建共享有助于降低 5G 网络基础设施建设和运维成本，实现 5G 网络高效覆盖，快速形成 5G 服务能力，增强 5G 网络和服务的市场竞争力，提升网络效益和资产运营效率，最终达成互利共赢。不管是中国电信与中国联通的 5G 共建共享，还是中国移动与中国广电的 5G 共建共享，都是基于以上出发点。

3.1.1 中国电信与中国联通共建共享协作

中国联通和中国电信获批的频段相邻，两者网络共建协作能够降低网络基础设施建设和运维成本。此外，两者资源也有互补性，比如在传输网等层面，中国联通在北方有着丰富的资源，中国电信则在南方的资源较多。

在此背景下，2019 年 9 月 9 日，两家公司签署 5G 网络共建共享框架协议，约定在 5G 全生命周期、全网范围内共建共享一张 5G 精品网。根据外界推算，在 5 年的 5G 建设周期中，共建共享将为中国联通、中国电信各节省 2 000 亿元的资本开支。

根据合作协议，中国联通与中国电信将划定区域、分区建设，各自负责在划定区域内的 5G 网络建设相关工作，谁建设投资、谁维护承担网络运营成本。双方 5G 接入网共建共享，5G 频率资源共享，核心网各自建设。双方联合确保 5G 网络共建共享区域的网络规划、建设、维护及服务标准统一，保证同等服务水平。

双方将在15个城市分区承建5G网络。以双方4G基站（含室分）总规模为主要参考，对于北京、天津、郑州、青岛、石家庄等北方5座城市，中国联通与中国电信建设区域的比例为6 ∶ 4；对于上海、重庆、广州、深圳、杭州、南京、苏州、长沙、武汉、成都等南方10座城市，中国联通与中国电信建设区域的比例为4 ∶ 6。

中国联通将独立承建5G网络的地区包括：广东省的9个地市、浙江省的5个地市及前述地区之外的北方8个省区（河北、河南、黑龙江、吉林、辽宁、内蒙古、山东、山西）；中国电信将独立承建5G网络的地区包括：广东省的10个地市、浙江省的5个地市及前述地区之外的南方17个省份。

3.1.2 中国移动与中国广电共建共享协作

相比“中国电信+中国联通”的组合，“中国移动+中国广电”的组合相对简单，因为中国广电此前在无线网络领域几无涉足，没有独立核心网。但是双方共建共享会采用什么样的战略和方式？这其中有3个非常重要的时间节点和协议。

1. 合作框架协议

2020年5月20日，中国移动与中国广电签订5G网络共建共享框架协议。

框架协议约定，双方共建共享700MHz、共享2.6GHz频段5G无线网络，在保持各自品牌和运营独立的基础上，共同探索产品、运营等方面的模式创新，开展内容、平台、渠道、客户服务等方面的深入合作。

双方联合确定网络建设计划，按1∶1比例共同投资建设700MHz 5G无线网络，共同所有并有权使用700MHz 5G无线网络资产。中国移动向中国广电有偿提供700MHz频段5G基站至中国广电在地市或者省中心对接点的传输承载网络，并有偿开放共享2.6GHz频段5G网络。中国移动将承担700MHz无线网络运行维护工作，中国广电向中国移动支付网络运行维护费用。在700MHz

频段 5G 网络商用前，中国广电有偿共享中国移动 2G、4G、5G 网络为其客户提供服务。中国移动为中国广电有偿提供国际业务转接服务。

双方的合作期限自 5G 合作框架协议达成之日起至 2031 年 12 月 31 日，合作期限届满前，如任何一方有意续约，则双方可以就 5G 合作框架协议续约事宜进行协商。

2. 具体协议

2021 年 1 月 26 日，中国广电和中国移动在北京签署“5G 战略”合作协议：《5G 网络共建共享合作协议》《5G 网络维护合作协议》《市场合作协议》《网络使用费结算协议》。

4 份具体合作协议下的合作期均为自协议生效订立之日起至 2031 年 12 月 31 日，分为第一阶段合作期及第二阶段合作期。第一阶段合作期是指协议生效订立之日起至 2021 年 12 月 31 日期间，第二阶段合作期是指 2022 年 1 月 1 日至 2031 年 12 月 31 日期间。

在 5G 网络共建共享合作协议方面有以下几个关键的议题。

（1）双方共同建设 700MHz 无线网络，中移通信（中国移动有限公司全资附属公司）向中国广电有偿共享 2.6GHz 网络。

（2）700MHz 无线网络新建、扩容、更新改造由双方按 1：1 比例共同投资。

（3）700MHz 无线网络（包括但不限于基站、天线及必要的无线配套设施）作为不可分割的整体资产，由双方按照 1：1 的份额享有所有权，双方均有权充分使用 700MHz 无线网络为各自客户提供服务。

（4）双方分别作为 700MHz 无线网络的项目建设单位，各自按照国家法律制度和内部管理要求履行项目基本建设程序。

（5）中移通信向中国广电有偿提供 700MHz 频率 5G 基站至中国广电在地市或者省中心对接点的传输承载网络使用。

（6）700MHz 和 2.6GHz 无线网络采用相同的共享技术方案。

在 5G 网络维护合作协议方面有以下几个关键的议题。

（1）双方对 700MHz 无线网络具有同等网络管理权限。中移通信承担 700MHz 无线网络运行维护工作，中国广电向中移通信支付 700MHz 无线网络运行维护费。

（2）中移通信负责中国广电有偿使用的 700MHz 传输承载网的维护工作。700MHz 无线网络双接各自核心网，双方各自承担其自有核心网的网络维护工作。

（3）中移通信承担的 700MHz 无线网络和 700MHz 传输承载网的网络维护工作，包括故障处理、投诉处理、通信保障、割接升级、无线优化、基站巡检等。

在市场合作协议方面有以下几点备受关注。

（1）双方在遵守国家法律及相关行业有关规定的前提下，基于平等自愿、合作共赢、优势互补的原则开展合作，共同探索产品、运营等方面的模式创新，坚持高质量发展，切实维护行业可持续发展。

（2）双方市场合作遵循品牌和业务运营独立性原则。

（3）在第一阶段合作期，中国广电有偿共享中移通信 2G/4G/5G 网络为中国广电客户提供服务。

（4）在第二阶段合作期，中国广电有偿共享中移通信 2.6GHz 网络为中国广电客户提供服务。700MHz 无线网络规模商用后，中国广电新增客户原则上不再共享使用中移通信的 2G/4G 网络。

（5）除上述网络共享服务合作外，双方还可在产品设计、市场运营、客户服务、内容、国家和行业标准制定等方面加强合作。

在网络使用费结算方面有以下几点备受关注。

（1）基于《合作框架协议》《5G 网络共建共享合作协议》《5G 网络维护合作协议》《市场合作协议》，中国广电向中移通信支付网络使用费，包括 700MHz 无线网络运行维护费、700MHz 承载网络运行维护费、2G/4G/5G 网络使用费。

（2）在第一阶段合作期，中国广电向中移通信支付的 700MHz 无线网络运行维护费、700MHz 传输承载网络使用费，从 700MHz 频率 5G 基站接入中国广电核心网或中国广电指定的传输节点后第二个月开始计算，按照基站数量据实收费。

（3）在第一阶段合作期，中国广电根据中国广电客户使用中移通信 2G/4G/5G 网络的业务量，据实向中移通信结算 2G/4G/5G 网络使用费。

（4）在第二阶段合作期的前 5 年，中国广电按照双方协议的价格向中移通信支付网络使用费，包括 700MHz 无线网络运行维护费、700MHz 传输承载网使用费、2.6GHz 网络使用费。

（5）双方根据第二阶段合作期的前 5 年的经营和合作情况，在 2026 年友好协定确定第二阶段合作期的后 5 年的结算金额。

（6）双方开展客户服务、国际业务等超出协议约定范围之外的合作费用结算，双方另行协商确定。

以上情况说明，中国广电不会单独建网，而是与中国移动共建共享无线网乃至承载网，但肯定还是要自建核心网、运营计费系统（Business & Operation Support System，BOSS）和广电 5G 内容平台等。

就合作协议来看，基本可以确定以下几件事。

（1）中国广电具备了覆盖全国的移动通信服务能力，借助中国移动开放 2G/3G/4G 的网络，立即拥有了完整的移动业务能力。

（2）双方共享 700MHz 无线网络资产，均有权充分使用 700MHz 无线网络为各自客户提供服务。这意味着双方既有合作，也有竞争。

（3）中移通信承担 700MHz 无线网络运行维护工作，中国广电向中移通信支付 700MHz 无线网络运行维护费，从而减少中国广电在 5G 网络建设、运维、运营人才体系建设等方面的成本。

（4）700MHz 无线网络规模商用后，中国广电新增客户原则上不再共享中移通信的 2G/4G 网络。

（5）费用结算分不同方式：前 5 年，700MHz 基站维护费等部分按基站数量计算，网络使用费按业务量计算；后 5 年则按双方未来协议价计算。

3. 补充协议

2021 年 9 月 10 日，中国广电与中国移动签署有关 5G 共建共享补充协议（以下简称《补充协议》）。双方同意，在原有合作框架协议和具体协议的基础上，就合作范围和结算方案订立关键补充条款。

《补充协议》约定，中移通信先行承担《补充协议》约定范围内 700MHz 无线网络全部建设费用，并先行享有上述无线网络资产所有权，双方均享有 700MHz 无线网络使用权。在遵守相关法律、法规及监管要求的前提下，中国广电在条件具备时，可参照届时市场公允评估价，按照原协议约定的资产共同持有方式分阶段向中移通信购买 50% 的 700MHz 无线网基站、天线等设备资产。未经另一方同意，任何一方不得处分（转让、抵押、质押等）其所享有的合作范围内的全部或部分 700MHz 无线网络资产所有权。中国广电按双方基于公平合理协商的条款向中移通信支付网络使用费。

4. 补充协议掀起行业舆论

之前的框架协议和具体协议从建设到维护、到市场、再到结算都有很完整的说明，其中非常关键的一条是中国广电和中国移动按 1：1 的比例投资共建 700MHz 无线网络。为什么双方会进一步签订这样一份补充协议？

据了解，当时中国广电已经找好了广电 5G 网络建设运营合作伙伴，对于 5G 网络建设所需的资金、人才，包括后续的运营都有相关合适的安排，双方联合与中国移动进行谈判，所以有了具体协议的落地。但是到 2021 年 4 月，原有合作伙伴因综合原因退出，于是 5G 网络共建共享所有的挑战和压力全都落到了中国广电身上。面对这一重大变化，中国广电又重启了跟中国移动的共建共享的谈判。

毕竟，在其他 3 家电信运营商已经初步实现 5G 规模商用的背景下，中国广电必须尽快推进 5G 700MHz 网络建设，尽快实现广电 192 段放号。但是对于这样一份补充协议被很多广电人误认为“700MHz 资产归中国移动所有”，并对此感到“愤愤不平”。

首先，从财务的角度，谁出资买设备，设备资产所有权就应归谁。但是这并不代表 700MHz 频段 5G 网络就归中国移动所有了。从 5G 网络资产的角度来讲，除了无线网络，还有核心网和承载网，而且无线网络侧，不仅有频率和设备，还有杆塔资源、管道资源等。而 700MHz 无线频率始终是分配给中国广电的，这一点没有改变。

更重要的是，广电人首先要算的是 3 笔账。

时间账：中国广电必须尽快启用 5G 网络，才能在 3G、4G 用户向 5G 用户转化的浪潮中吸引更多用户，不然 192 放号便没有意义。

能力账：中国广电目前无法独立建网，这不仅是资金问题，还有产业号召力等问题。

产业协作与政策账：中国移动完全有能力来帮助中国广电完成 5G 网络建设，也符合国家共建共享的方针。

其次，中国广电虽然不会单独建网，但肯定是要自建核心网、运营计费系统（BOSS）和广电 5G 内容平台等。至于广电 5G 承载网是租用中国移动网络，还是用广电自身的承载网？无线网、机房等资源能否复用？则具体视广电自身发展和当地的实际情况而定。

中国移动负责 5G 700MHz 基站建设后，广电人要做的就是积极投入 5G 运营及市场竞争中，通过市场营销、策划宣传赢得客户，同时赋能千行百业，真正满足大众、各行业对 5G 的需求，并落实国家“新基建”政策。

3.2 广电 5G 频率迁移

700MHz 频率迁移是中国广电与中国移动 5G 共建共享过程中一项非常关键的工作，直接影响广电 5G 网络的建站和 700MHz 价值的发挥。

3.2.1 700MHz 频段历史沿革

700MHz 频段是传统的广播电视系统频段，近年来随着技术进步，地面数字电视技术正逐渐取代传统的模拟电视技术，使得原模拟电视占用的部分频段可以释放出来。目前，包括我国在内的全球多数国家已经完成或正在进行 700MHz 频段的地面电视“模数转换”，并将释放出的频谱用于频谱利用率更高的移动通信系统。考虑到 700MHz 频段的产业发展情况、国内地面电视“模数转换”进展及移动通信系统的频率使用需求，工信部于 2020 年 3 月 25 日发布了《关于调整 700MHz 频段频率使用规划的通知》，将 702～798MHz 频段频率使用规划调整用于移动通信系统，并将 703～743/758～798MHz 频段规划用于频分双工（FDD）工作方式的移动通信系统。

目前，全球已有超过 56 个国家或地区开始或计划在 700MHz 频段部署频分双工（FDD）方式的 4G 网络。从各国已公布的 700MHz 频段规划方案来看，703～748/758～803MHz 方案是使用最广泛、频谱资源利用最为充分的频率规划方案，并支持向 5G 系统演进。将 703～743/758～798MHz 频段规划用于 FDD 方式的移动通信系统，可与全球主流规划方案兼容，有利于共享全球产业基础。

对应到国内 700MHz 频率使用情况，根据中国电视频道频率划分表（见表 3-1），需要清频的部分涵盖了 DS-37 ～DS-48 共 12 个广播频道，同时考虑到 700MHz 网络的隔离度要求，需要对 DS-36、DS-49 进行清频。

表 3-1　中国电视频道频率划分表　（部分）

<table>
<tr><th colspan="2">开路电视</th><th colspan="2">闭路电视</th><th colspan="3">频率参数</th></tr>
<tr><th>波段</th><th>频道</th><th>国际编号</th><th>国内编号</th><th>频率范围（MHz）</th><th>图像载频（MHz）</th><th>伴音载频（MHz）</th></tr>
<tr><td rowspan="14">V 波段（分米波）</td><td>DS-36</td><td>78</td><td>36</td><td>694 ～ 702</td><td>695.25</td><td>701.75</td></tr>
<tr><td>DS-37</td><td>79</td><td>37</td><td>702 ～ 710</td><td>703.25</td><td>709.75</td></tr>
<tr><td>DS-38</td><td>80</td><td>38</td><td>710 ～ 718</td><td>711.25</td><td>717.75</td></tr>
<tr><td>DS-39</td><td>81</td><td>39</td><td>718 ～ 726</td><td>719.25</td><td>725.75</td></tr>
<tr><td>DS-40</td><td>82</td><td>40</td><td>726 ～ 734</td><td>727.25</td><td>733.75</td></tr>
<tr><td>DS-41</td><td>83</td><td>41</td><td>734 ～ 742</td><td>735.25</td><td>741.75</td></tr>
<tr><td>DS-42</td><td>84</td><td>42</td><td>742 ～ 750</td><td>743.25</td><td>749.75</td></tr>
<tr><td>DS-43</td><td>85</td><td>43</td><td>750 ～ 758</td><td>751.25</td><td>757.75</td></tr>
<tr><td>DS-44</td><td>86</td><td>44</td><td>758 ～ 766</td><td>759.25</td><td>765.75</td></tr>
<tr><td>DS-45</td><td>87</td><td>45</td><td>766 ～ 774</td><td>767.25</td><td>773.75</td></tr>
<tr><td>DS-46</td><td>88</td><td>46</td><td>774 ～ 782</td><td>775.25</td><td>781.75</td></tr>
<tr><td>DS-47</td><td>89</td><td>47</td><td>782 ～ 790</td><td>783.25</td><td>789.75</td></tr>
<tr><td>DS-48</td><td>90</td><td>48</td><td>790 ～ 798</td><td>791.25</td><td>797.95</td></tr>
<tr><td>DS-49</td><td>91</td><td>49</td><td>798 ～ 806</td><td>799.25</td><td>805.75</td></tr>
</table>

说明：标准电视频道是分配给电视专用的频道，允许开路电视和有线电视使用，在频道编号前冠以汉语拼音字母“DS”（DianShi 电视），计有 DS-1 ～ DS-68 频道，一般分为 I、III、IV 和 V 几个波段。

3.2.2　700MHz 频段迁移基础工作

要做好 700MHz 频率迁移，广电有两个规定动作必须做到位。

1. 模拟转数

根据 2012 年国家广播电视总局印发的《地面数字电视广播覆盖网发展规划》，全国地面数字电视广播覆盖网到 2020 年基本建成，地面模拟电视信号停止播出，地面电视实现由模拟到数字的战略转型。此后在 2014 年年底，中央财政投入 48 亿元资金，全面实施中央广播电视节目无线数字化覆盖工程。

2020 年 7 月，国家广播电视总局下发《关于按规划关停地面模拟电视有关工作安排的通知》，决定自 2020 年 6 月 15 日启动关停中央、省、市、县地面模拟电视信号工作。

（1）中央节目地面模拟电视信号的关停

自 2020 年 6 月 15 日起，各地启动中央节目地面模拟电视信号关停工作，2020 年 8 月 31 日前完成，有特殊情况的经国家广播电视总局批准后，于 2020 年 12 月 31 日前完成关停。

（2）地方节目地面模拟电视信号的关停

自 2020 年 6 月 15 日起，各地启动地方节目地面模拟电视信号关停工作，完成时间由各省级广播电视行政部门结合本地实际制订具体实施计划，已实现数字化播出的，于 2020 年 12 月 31 日前完成关停，其他未实现数字化播出的要加快完成数字化，于 2021 年 3 月 31 日前完成关停。

2. 数字频率整治

所谓“数字整治”，就是对占用广电 5G 700MHz 相关频率资源的地面数字电视频道进行清理整治。2019 年 6 月，国家广播电视总局发布《国家广播电视总局办公厅关于开展移动数字电视清理整顿工作的通知》。随后各地开始自查整治，未经批准擅自开办的移动数字电视频道，以及未经国家广播电视总局批准的移动数字电视频道一律关停。

各地关停模拟电视信号和清理整治数字电视，都是为了给 700MHz 迁移让路。当然，在清频过程中也要确保在播电视节目的正常播出，各频道迁移完成后才能关停原有频道；而为无线电视保留的资源依然要满足地面数字电视标清、高清和未来超高清业务的需求，以及全国、省、地市、县域四级覆盖。

3.2.3 700MHz 迁移进展

2020 年 3 月 25 日，工信部发布了《关于调整 700MHz 频段频率使用规划的通知》。在调整 700MHz 频率使用规划的同时，明确工作在该频段的移动通信系统不得对同频段或邻频段已经依法开展的广播业务及其他无线电业务产生有害干扰，否则应立即停止发射信号，待干扰消除后方可进行实效发射；不得对来自同频段或邻频段已经合法设置使用的无线电台（站）提出干扰保护要求。为避免与移动通信系统产生有害干扰，对现有合法无线电台（站）进行必要的频率迁移、台址搬迁、设备改造等工作，产生的费用原则上由 700MHz 频段移动通信系统频率使用人承担。

2020 年 3 月 31 日，全国地面数字电视 700MHz 频率迁移工作领导小组召开第一次工作会议，就迁移工作的总体思路、工作目标、实施原则策略、总体安排、工作计划和运行保障等进行了说明和部署，特别强调要充分认识 700MHz 频率迁移工作对推动 5G 建设发展的重要意义，把这项工作作为重要政治任务，高标准、高质量做实、做细、做好。至此，700MHz 的频率迁移工作拉开序幕，各地广播电视局也开始出台相应方案。

2020 年 8 月 12 日，国家广播电视总局安全传输保障司召开地面数字电视 700MHz 频段频率迁移实施工作座谈会。

2021 年 7 月 27 日，中国广电全国地面数字电视 700MHz 频率迁移项目工程总承包（EPC）发布了中标人公示，该项目中标人为中广电广播电影电视设计研究院（国家广播电视总局直属的事业单位），其开始对全国范围内广播电视发射台站的现有发射机系统及天馈线系统进行改造。该项目共涉及台站

6 026 座，涉及频道 12 350 个，预算金额为 18 亿元。项目总工期约为 1 年，具体计划根据广电 5G 700MHz 网络建设进度和“边建设、边运营”需要做出科学安排。

因此，在中国广电和中国移动 700MHz 5G 基站建设已经启动的同时，700MHz 频率迁移工作也已经在落实中。

3.3 广电 5G 网络体系

广电人应该如何看待 5G 为核心的技术创新浪潮？在无线网之外，应该如何把握 5G 核心网及承载网整体架构？相关的核心趋势是什么？这是本节所要回答的关键问题。

3.3.1 技术演进驱动

伴随新一轮科技革命和产业变革进入爆发期，5G、云原生、大数据、人工智能等新一代信息技术不断涌现，DICT 持续深度融合，为信息技术产业发展带来了新的机遇和挑战，为经济社会数字化转型注入新的动力。

移动通信网络每 10 年一代的不断发展，以端到端网络高速率、低时延、高可靠和大连接能力为顶点的移动通信系统三角模型在不断优化，网络性能不断提高，定制化能力不断提升。从云计算、边缘计算到分布式云，计算架构不断向敏捷、弹性演进，算力和网络正在打破彼此的边界，呈现算网一体化、平台原生化的特征。人工智能和大数据技术逐步融入网络运营管理全流程，网络实现自运行、自优化，网络智能化已成趋势。具备“自身免疫力”的内源性安全防护机制，启动运行自证明、安全威胁自发现、上下协同自防御的安全内生理念指引着云网安全新方向。以碳达峰、碳中和为目标，建设装配化、制冷低碳化、供电简洁化、运营数智化的绿色节能技术方兴未艾。

广电运营商作为“新型信息基础设施”的建设者和运营者，把“加快建设高速泛在、天地一体、云网融合、智能敏捷、绿色低碳、安全可控的智能化综合性数字信息基础设施”作为职责使命，以“数字传播网”作为企业战略转型目标，按照“网是基础，云为核心，网随云动，云网一体”的思路，在稳固传统广播电视网络优势的同时，积极推进网络架构转型，打造新型云网基础设施，以满足个人、家庭、行业市场的差异化需求。

3.3.2 核心网架构

如图 3-1 所示，5G 核心网采用的是基于服务的架构。这种架构是基于云原生架构设计的，并借鉴 IT 领域的 SBA（Service-Based Achitecture，基于服务的软件架构）“微服务”理念，在将“单个网元多个功能”变成“多个网元单个功能”的同时，引入虚拟化技术。因此，5G 网的一个明显的外在变化是，网元数量大大增加。

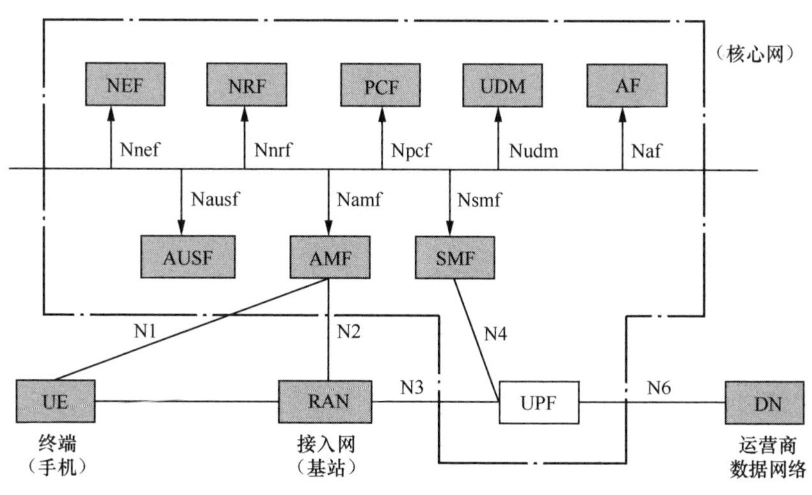

图 3-1　5G 核心网架构

简而言之，5G 系统架构主要由以下网络功能（Network Function，NF）组成：

（1）用户设备（User Equipment，UE）：用户手机或物联网终端；

（2）无线接入网络（Radio Access Network，RAN）；

（3）接入管理功能（Access Management Function，AMF）：负责注册管理、连接管理、可达性管理、移动管理、访问身份验证授权、短信管理等，是终端和无线的核心网控制面接入点；

（4）会话管理功能（Session Management Function，SMF）：负责隧道维护、IP 地址分配和管理、UPF 选择、策略实施和 QoS 中的控制部分、计费数据采集、漫游功能等；

（5）用户面功能（User Plane Function，UPF）：实现分组路由转发、策略实施、流量报告、QoS 处理；

（6）统一数据管理（Unified Data Management，UDM）：实现 3GPP AKA 认证、用户识别、访问授权、注册、移动、订阅、短信管理等；

（7）认证服务器功能（Authentication Server Function，AUSF）：实现 3GPP 和非 3GPP 的接入认证；

（8）策略控制功能（Policy Control Function，PCF）：负责统一的策略框架，提供控制平面功能的策略规则；

（9）网络存储功能（NF Repository Function，NRF）：负责服务发现、维护可用的网络功能实例的信息及支持的服务；

（10）网络切片选择功能（Network Slice Selection Function，NSSF）：选择为 UE 服务的一组网络切片实例；

（11）网络开放功能（Network Exposure Function，NEF）：负责开放网络功能、内外部信息的转换；

（12）数据网络（Data Network，DN）：实现 5G 核心网输出，如互联网或企业网；

（13）应用功能（Application Function，AF）：指应用层的各种服务，可以是运营商内部的应用［如 VoLTE（Voice over Long-Term Evolution，长期演进语音承载）AF］，也可以是第三方应用（如视频服务）。

需要强调的是，按照中国广电与中国移动的共建共享协议，双方将分别自建 5G 核心网，并通过专设链路打通网络。广电 5G 基于共建共享的 5G 核心网总体架构如图 3-2 所示。

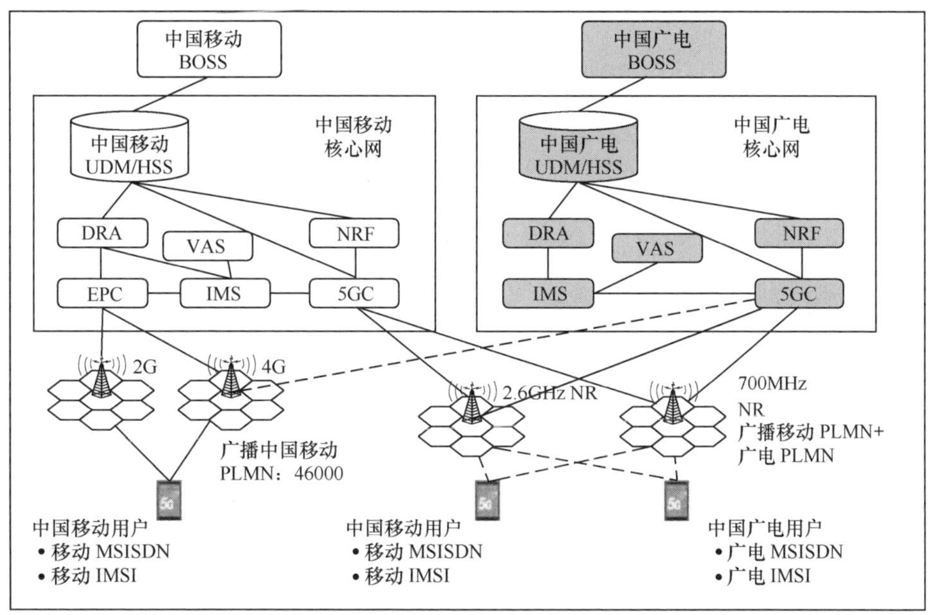

图 3-2　广电 5G 基于共建共享的 5G 核心网总体架构

3.3.3　承载网建设

如图 3-3 所示，在从 4G 到 5G 的演进中，核心网的变化对承载网架构有重大影响。更重要的是，对广电运营商来说，其承载网层面应遵循“面向未来、统一承载、经济高效、技术先进、安全可靠、夯实基础”六大原则，不断探索 5G 承载的应用场景与组网方式，并结合综合承载、资源共享等策略，统筹业务、技术、资源等多方因素，推进广电 5G 承载网的建设。

1. 面向未来

广电网络现有承载网主要以 SDH（Synchronous Digital Hierarchy，同步数字体系）、IP 交换机为主，面向未来的“视频 + 宽带 + 通信 5G”的统一承载，接入网将转向以 FTTH（Fibre To The Home，光纤到户）为主的 PON（Passive Optical Network，无源光纤网络）网络，承载网将满足未来 5G 基站承载、PON 网络回传、政企专线的综合承载网络要求，技术选择上将以“OTN（Optical Transport Network，光传送网）+ 分组传送”为主。

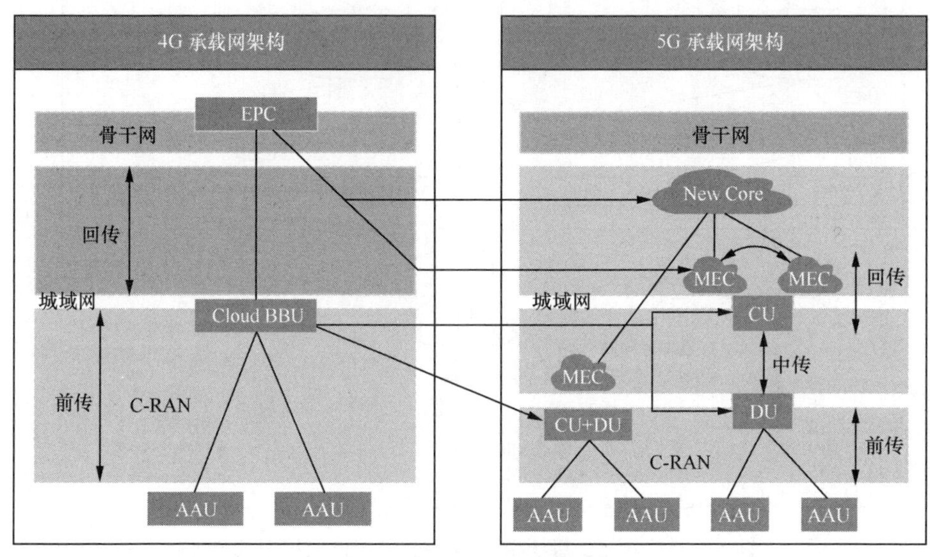

图 3-3　5G 核心网演进对承载网架构的影响

2. 统一承载

5G 承载网的建设需要遵循多业务综合承载原则，除了承载移动业务之外，政企专线、CDN（Content Delivery Network，内容分发网络）及边缘数据中心之间互联等需求也应综合承载。应兼具 L0-L3 技术方案优势，提供差异化网络切片服务，实现多业务综合承载，充分发挥基础承载网络的价值。5G 承载网的架构应统筹考虑 5G 用户的接入需求及现有的网络资源情况，实现广电网络电视、宽带、5G、专线等业务的统一综合承载。

3. 经济高效

5G 时代将带来各类新型业务，也必然带来大规模的网络建设与投资。承载网作为 5G 发展的基础网络，涉及的建设量及投资量也会巨大，不可盲目投入与建设。初步分析，5G 的业务需求将分区域、分类型、分阶段呈现。因此，5G 承载网的建设应以实际业务发展需求为导向，坚持经济效益优先的原则，充分利用现有资源开展建设，有需求的地方优先建设 5G 承载网络，无需求的地方可暂缓建设，做到聚焦业务组建网络。

4. 技术先进

5G 承载技术正面临全新变革，增强型 IP RAN、SPN（Slicing Packet Network，切片分组网）、M-OTN（Metro Optimized OTN，面向城域优化的 OTN）等技术正在逐步完善，新技术带来的效益也将日益明显。因此在部署 5G 承载网时，应重视技术的先进性和网络的可发展性，运营商应根据自身网络的现状及演进需求，选择合适的承载技术进行部署，要把先进技术与现有技术成熟的标准及经验相结合，充分考虑网络应用与未来发展趋势，在满足业务应用的同时，体现网络技术的先进性。

5. 安全可靠

5G 时代万物互联，高清视频、AR/VR、车联网、工业物联网等新业务将不断涌现，5G 承载网的安全性和可靠性将变得尤为重要。5G 承载网的建设应遵循安全可靠原则，合理设计承载网的网络架构和组网路由，选择合理的技术保护方式，制定可靠的网络保护策略，充分考虑网络容错和负载分担能力，保证网络安全可靠运行。

6. 夯实基础

机房、管道、光缆等作为承载网络的基础资源，对 5G 承载网的网络架构及承载能力有重要且长远的影响，是未来 5G 承载网络部署的重要保障。5G 承载网络建设需重视基础资源储备，紧跟 5G 商用的推进节奏，提前对各层级机房、管道及光缆等资源展开部署及储备，奠定 5G 业务发展基础。

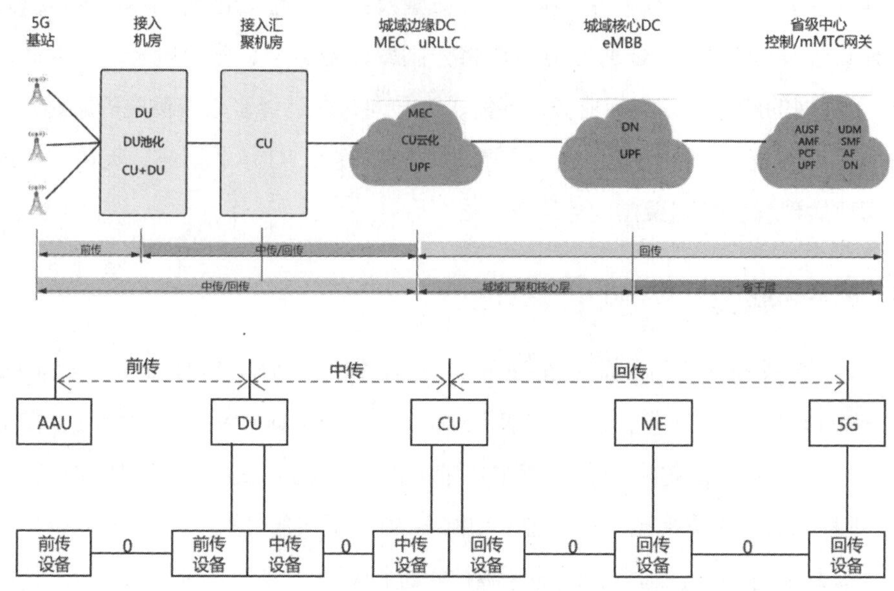

图 3-4　广电 5G 承载网整体拓扑图

图 3-4 是广电 5G 承载网整体拓扑图。目前，中国广电和中国移动共建共享的具体细则尚未确定，只能够结合现有情况进行剖析，中国广电承载网基本上会租用中国移动承载网。未来，中国广电取得一定发展并对通信业务有了更深入的理解之后，再考虑自建。其中，5G 承载网前传网络拥有光纤直连、无源波分、OTN 承载、分组承载等技术，如图 3-5 所示，其优劣势如表 3-2 所示。

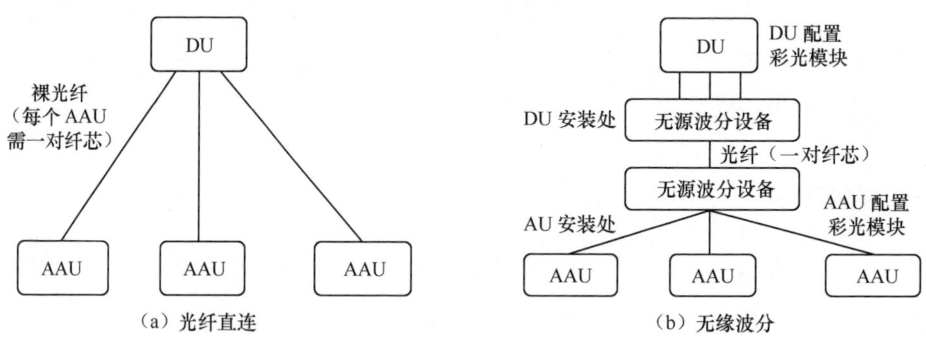

图 3-5　广电 5G 承载网前传方案

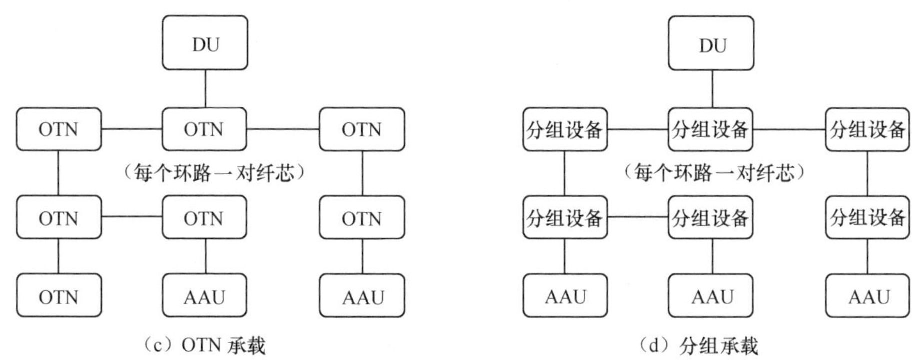

图 3-5　广电 5G 前传方案（续）

表 3-2　广电 5G 承载网前传方案优劣势

应用场景	光纤直连	无源波分	OTN 承载	分组承载
网络资源	每个 AAU 需一对纤芯，纤芯资源需求最多	可节省彩光复用段落纤芯资源	节省纤芯资源，同时有设备安装及电源需求	节省纤芯资源，同时有设备安装及电源需求
网络安全	安全性中等，保护方式对纤芯资源消耗大	安全性低，引入彩光模块和无源复用设备不支持网管，还引入故障点	安全性高，具备完善的 OAM（Operation Administration and Maintenance，操作维护管理）和保护机制	安全性高，具备完善的 OAM 和保护机制
网络建设	建设简单，难度主要在于布放光纤、光缆	建设难度大	建设难度适中，ONT 的引入对汇聚机房的压力增大	建设难度较大、工作量较大
网络维护	无系统层面保护，故障定位较困难	无系统层面保护，且引入无源设备故障点，故障定位困难，界面不清晰	可实现系统层保护，维护便捷	可实现系统层保护，维护便捷
网络投资	较低	较低	高	高
技术成熟度	无设备技术要求	小规模商用，成熟度有待验证	成熟，设备小型化有待提升	分组传送网技术成熟，切片等新功能有待完善

随着广电 5G 接入能力与平台容量的提升，以及网络架构的全面部署落实，未来广电 5G 的承载网能力将大幅提升。广电 5G 承载网的进一步融合将演进至综合承载平面，技术演进路线选择主要有 SPN 和 OTN/M-OTN 尚

待抉择，其中传与回传方案如表 3-3 所示[1]。未来广电 5G 的基站业务、专线业务、家庭宽带业务、物联业务等全部在综合承载平面上完成，从而形成综合的承载网络架构。

表 3-3　广电 5G 中传与回传方案

应用场景	IP RAN 承载	SPN 承载
网络架构	网络架构扁平化，能发挥 IP RAN（基于 IP 的无线接入网）及 OTN 技术优势，网络拓展性高	网络架构扁平化，组网拓扑灵活，具有良好的切片、收敛转发及 QoS 功能，可实现中传及回传统一承载
网络资源	机房空间及电源需求较高	机房空间及电源需求较高
网络安全	具有良好的 QAM（Quadrature Amplitude Modulation，正交幅度调制）及保护机制	具有良好的 QAM 及保护机制
网络建设	现网 IP RAN 设备需进行切片等功能升级或新建平面	现网分组传送设备需进行切片等功能升级或新建平面
网络投资	一般	略高，产业链成熟后可进一步下降
技术成熟度	FlexE（灵活以太网技术）、切片等功能有待成熟，分组及 OTN 技术已成熟	FlexE、切片等功能有待成熟

3.3.4 “云网一体”发展趋势

“云网一体”是市场、客户需求及技术变革带来的新服务形态，推动多系统、多场景、多业务的上云需求，促进云和多样化网络能力深度融合，对内对外提供云和网高度协同的一体化服务模式。业内专家指出：“云网融合”及进一步的“云网一体”架构是数字化转型的基础依托。在新型信息基础设施中，云和网是两大关键要素，两者将共生共长，互补互促。

云网一体的基本特征如下：

➢ 一体化供给：网络资源和云资源统一定义、封装和编排，形成统一、

1　SPN指Slicing Packet Network，切片分组网；OTN指Optical Transport Network，光传送网；MOTN指 Metro-optimized OTN，面向城域优化的OTN；IP RAN指基于IP的无线接入网（Radio Access Network）；FlexE指灵活以太网技术，其中E是Ethernet的简写。

敏捷、弹性的资源供给体系；

- 一体化运营：从云和网各自独立的运营体系，转向全域资源感知、一致质量保障、一体化的规划和运维管理；
- 一体化服务：面向客户实现云网业务的统一受理、统一交付、统一呈现，实现云业务和网络业务的深度融合；
- 数字化：涵盖订单数字化、业务数字化和能力数字化，支持电商订购，订单和业务 SLA（Service Level Agreement，服务级别协议）可视化，以及云网服务能力组件化；
- 智能化：支持智能云网路由、基于大数据的智能运维、网络质量智能检测、智能感知；
- 生态化：云 + 网 + 应用的云网一体场景化产品，一站式组合订购，提供云网原子能力开放服务。

未来，中国广电可以从以下四个方面推动网络变革。

一是规划思维变革。网络是基础，云为核心，需要打破传统的以行政区域、人口资源为核心的网络规划方式，转向以云为中心的思路构建网络。

二是运维模式变革。“云网一体”要实现云网资源跨领域的统一，需打破原有的分层分域模式，引入智能化、大数据等技术，从被动运维转向主动运维。

三是运营理念变革。“云网一体”体现了敏捷灵活、随心定制的解决方案。运营理念是从云网之间相互隔离的运营，转变为网随云动的一体化运营。

四是网管模式变革。打破网络云的传统壁垒，突破网络分段的管理模式和多云架构，按照云网系统的深度融合方式，来建立与现阶段生产力相匹配的生产关系和生产架构。

3.4 广电 5G 标准体系

全球通信技术组织 3GPP 和国内通信标准协会 CCSA 已经从核心网、承载网、接入网、支撑网、终端、安全等方面制定了 5G 标准。而广电 5G 在遵循这些标准的同时，也要根据广电传媒行业特点制定一些新标准。

3.4.1 核心网层面

《5G 移动通信网核心网总体技术要求》（YD/T 3615—2019）规定了基于 SA 架构的 5G 核心网总体技术要求，包括系统架构、高层功能特性、与 4G 网络互操作、网络功能服务架构等。

《5G 移动通信网核心网网络功能技术要求》（YD/T 3616—2019）规定了基于 SA 架构的 5G 核心网网络功能技术要求，包括网络功能发现与选择、控制面网络功能的服务、控制面和用户面协议栈等。

《5G 移动通信网核心网网络功能测试方法》（YD/T 3617—2019）规定了基于 SA 架构的 5G 核心网系统功能，以及与业务流程相关的测试内容和测试方法。而关于 5G 移动通信网核心网策略控制技术要求、非 3GPP 接入网络的接入、5G 边缘计算总体技术要求、平台技术要求和测试方法等诸多 5G 移动通信网的标准都在起草中。广电核心网的标准体系是否有例外，是否要适应广播电视和网络视听安全的核心网架构或技术要求，需要另行制定。

3.4.2 承载网层面

针对5G承载网的标准主要是针对前传领域，目前这方面立项不多。

《面向5G前传的N×25Gbit/s波分复用无源光网络（WDM-PON）第1部分：总体》（YD/T 3621.1—2019）规定了面向5G前传网络承载需求的基于波长路由的N×25Gbit/s波分复用无源光网络系统的网络架构、业务和接口要求、系统功能要求、管理维护要求和其他要求等。

《面向5G前传的N×25Gbit/s波分复用无源光网络（WDM-PON）第2部分：PMD》（YD/T 3621.2—2019）规定了面向5G前传网络承载需求的基于波长路由的N×25Gbit/sWDM-PON系统的物理层、收发器指标及性能指标要求。

另外，广电5G的IP RAN技术规范等需要单独制定，牵涉5G承载网接入层、汇聚层、核心层设备在设备功能、设备性能、设备体系结构、设备各种接口特性和部署方式、物理尺寸等方面的说明。

3.4.3 无线接入网层面

面向5G接入网的规范发布不多，而承载网基本都是全光网和IP化，本不需要过多的说明，但对于尚未实现全光网和IP化的广电运营商来说，这方面需要补上的标准就非常多。

《蜂窝式移动通信设备电磁兼容性能要求和测量方法 第17部分：5G基站及其辅助设备》（YD/T 2583.17—2019）规定了5G数字移动通信系统基站设备、辅助射频放大器、中继器及其辅助设备的电磁兼容性要求及测量方法。

此外，广电运营商需要通过有线电视网部署室内5G覆盖，针对700MHz、4.9GHz及3.3GHz频段的5G接入网主设备的技术要求，都需要制定标准；同时，广电5G无线接入网OMC（Operation and Maintenance Center，操作维护中心）系统功能技术要求也需要制定标准。

3.4.4 运营商间互联互通层面

CCSA 就电信运营商之间的互联互通发布了很多标准。

《不同运营商 IMS 网间互通技术要求》（YD/T 3369—2018）规定了不同运营商之间互通的业务类型、互通架构和互通实体功能要求、互通路由解析要求、互通协议和互通编码要求等内容。IMS（IP Multimedia Subsystem，IP 多媒体子系统）网间互通是指我国运营商的 IMS 网络之间不需要经过传统网络（如软交换机、电路交互网），而在 IP 承载网上直接进行的网络互通。

《不同运营商 IMS 网间互通网关设备测试方法》（YD/T 3371—2018）规定了不同运营商 IMS 网间互通网关设备 IBCF（Interconnection Border Control Functions，互联边界控制功能）和 TrGW（Transition Gateway，转换网关）的测试方法，主要包括功能、接口、安全、性能、操作维护和网管、时间同步等测试方法。

《不同运营商 IMS 网间互通网关设备技术要求》（YD/T 3370—2018）规定了不同运营商 IMS 网络之间互通网关设备 IBCF 和 TrGW 的功能要求、性能要求、可靠性要求、接口要求、互通协议要求、互通媒体要求、安全要求、设备容灾、维护管理、软硬件要求、同步要求、环境要求、电源与接地要求等内容，不包括 IMS 网间漫游和 IMS 网内要求。

《基于 IMS 的网间业务互通网间点对点视频通信技术要求》（YD/T 3268—2017）规定了视频通话在不同运营商 IMS 网络之间互通的技术要求，包括互通的架构、业务流程、计费要求、音视频编码、网间号码的传送、安全相关要求等内容。

3.4.5 网络建设层面

广电运营商要开展 5G 无线网络建设，需要选址，并根据频率、干扰、容量、并发、时延、供电、算账、光纤路由等综合因素考量建站。这些方面需要广电 5G 网络制定相应的标准（规划、建设、验收、维护及调优），以确定广电 5G 通信总体规划策略（含网络架构、业务承载策略、网络部署策略等）、广电 5G 通信频率规划策略、承载网规划及承载网资源总体要求等，具体牵涉网络需求分析、覆盖规划、容量规划、站址选择、网络仿真等。

3.4.6 终端层面

《蜂窝式移动通信设备电磁兼容性能要求和测量方法 第 18 部分：5G 用户设备和辅助设备》（YD/T 2583.18—2019）规定了 5G 数字移动通信系统用户设备及其辅助设备的电磁兼容性要求，包括测量方法、频率范围、限值和性能判据。

《面向物联网的蜂窝窄带接入（NB-IoT）终端设备测试方法》（YD/T 3338—2018）规定了面向物联网的蜂窝窄带接入（NB-IoT）终端设备在业务功能、一致性和互联互通等方面的测试方法。

《5G 数字蜂窝移动通信网 增强移动带宽终端设备技术要求（第一阶段）》（YD/T 3627—2019）规定了 6GHz 以下频段 5G 增强移动宽带终端设备的传输能力、业务能力、基本协议功能、射频、功耗、接口、安全等方面的要求。

3.4.7 移动用户终端无线局域网技术指标和测试

《移动用户终端无线局域网技术指标和测试方法》（YDC 079—2009）规定了移动用户终端的无线局域网空中接口物理层、功能、性能以及电磁兼容性、电气安全、密码实现、电磁辐射和环境可靠性等技术要求与测试方法。

此外，在广播电视网与通信网的融合方面，涉及制播、高新视频、应急广播、监测监管、视听安全、业务支撑系统等领域，也应该制定相应的行业标准，便于广电 5G 更好地落地。

PART

第 4 章

融合广电 5G 新业务

本章概要

“商场如战场”，这是老话，也是实话。今天的广电运营商就面临这一状况，并不得不从遥远的“三网融合”时代快速进入今天的 5G 新基建市场，也就是要抛弃过去可能的拖延、迟缓节奏，马上进入瞬息万变的战场。

在广电 5G 服务即将进入商用状态之时，有线运营商最直接的竞争手段之一就是针对用户所需提供广电 5G 产品与业务。其中，在大众市场推出强有竞争力的融合套餐正是当下最有效、最直接的竞争策略与手段。

4.1 5G 融合套餐

中国广电获得 5G 牌照，意味着正式进入个人移动通信市场。如何快速向人们打造“中国广电”品牌认知，如何设计 5G 全业务套餐？如何建立有效的市场渠道，这些都是中国广电及各省分公司所要考虑的。当然，这些市场工作的制定不仅需要在“统一品牌、统一规划、统一管理、统一运营”的基础上，同时还需要结合市场竞争及行业规律开展。

4.1.1 了解通信业务基本服务

移动通信的基本服务主要包括入网、退网、密码设定及修改、缴费 / 充话费、国际漫游等，同时还会制定相应的服务策略。

（1）买流量：对应流量结算时间可以按时长、日、月、季及国内国际划分；流量限定为定向流量或特定增值业务类。

（2）停机保号：对于一些暂时不使用但又想保留的手机号码，用户只要按月交纳一定的停机保号费，运营商即可为其保留号码。

（3）换卡、补卡：在 SIM 卡损坏或丢失时申请补、换 SIM 卡的业务。

（4）主副卡办理：副卡共享主卡语音及流量，并非所有套餐都可以绑定副卡。

例如，北京电信新装副卡规则：①天翼畅享套餐每张副卡功能费为每月 10 元，乐享 4G 套餐每张副卡功能费为每月 10 元；乐享家套餐每张副卡功能费为每月 1 元；副卡办理当月免副卡功能费；②主卡第一次加装副卡，副卡办理当月不共享主卡套餐内容，收取过渡期标准资费（4G 套餐外的标准资费），次月起共享主卡套餐内容，对于存在流量结转规则的产品，当月流量无法结转；③非第一次加装副卡，且之前副卡已使用超过一个月的主卡再次加装副卡，副卡办理当月生效，当月即可共享主卡套餐内容（如副卡办理当月主卡进行套餐变更，则副卡办理当月不共享主卡套餐内容，收取过渡期标准资费，次月起共享主卡套餐内容）；④副卡办理业务时需机主本人办理或者提供机主相关证件。

（5）语音流量共享说明：用户订购某档位套餐后，即可享有所订购套餐对应的一定数量的用户共享主号套餐内语音流量资源的权益。

例如，用户订购了天津移动 169 元的套餐，可享有两名用户共享主号套餐内语音流量资源（用户使用本省号码，不含外省或异网号码），用户可共享主号已订购基础套餐内语音及流量资源。

（6）用户免费互通电话说明：用户订购某档位套餐后，即可享有所订购套餐对应的一定数量的用户免费互通电话的权益，免费数量之外需另收费。

例如，用户订购了天津移动 169 元的套餐，可享有两名用户免费互通电话的权益，主号可添加两个移动手机号码（含本省或外省），不含异网号码。免费数量之外，每增加一个本省移动号码收取 1 元，每增加一个跨省移动号码收取 2 元。

（7）会员权益类：品牌（针对不同群体推出不同品牌）、网络（极速上网，针对上下行等）、增值业务（不同会员权益、定向内容）、服务（停机保号、专属客服、生日祝福、机场高铁休息室等）、积分兑换等。

（8）携号转网：一家电信运营商的用户，无须改变自己的手机号码就能转而成为另一家电信运营商的用户。

除提供基本服务之外，电信运营商还会实施相应的服务策略。

（1）设置主副卡和“亲子守护卡”等服务来扩展用户。

（2）续约策略：一次性缴费数月，赠送几个月套餐。例如缴费 12 个月，赠送 1 个月套餐。

（3）套餐生效：新入网客户办理基础套餐，当天申请，当天生效；客户入网当月不足整月的，基础套餐月使用费按天折算收取。流量达到套餐额度之后，不限速；并执行优惠资费规则计费。

（4）流量资费封顶规则：普通用户封顶，高端用户不硬性封顶。

例如天津移动策略：普通用户的流量资费封顶值为 150 元，高端用户的流量资费封顶值为 500 元。高端用户套外流量费用达到 500 元后，停止上网功能，机主请求打开上网功能后，按照 3 元 /GB 的标准收费，当月流量和流量费用不再封顶；次月恢复 500 元封顶规则。

4.1.2 电信运营商套餐案例解析

以某地中国电信、中国移动、中国联通 3 家运营商套餐情况为例，看看电信运营商的套餐定价和设计情况，如表 4-1 至表 4-3 所示。

1. 某地移动套餐

表 4-1　某地移动套餐

套餐名称	套餐内容	套餐类型
4G 畅享 19 元套餐	语音：100 分钟 流量：2GB	手机
4G 畅享 39 元套餐	语音：400 分钟 流量：8GB	手机
4G 畅享 58 元套餐	语音：600 分钟 流量：15GB	手机
4G 畅享 98 元套餐	语音：1 000 分钟 流量：20GB	手机
5G 畅享套餐（个人版）128 元	语音：1 200 分钟；流量：30GB；套内权益：互联网权益 6 选 1、5G PLUS 会员优惠购权益（可享受 6 折优惠）	手机
5G 畅享套餐（个人版）168 元	语音：1 500 分钟；流量：40GB；套内权益：互联网权益 6 选 1、5G PLUS 会员优惠购权益（可享受 6 折优惠）	手机
5G 畅享套餐（个人版）198 元	语音：2 000 分钟；流量：60GB；套内权益：互联网权益 6 选 1、5G PLUS 会员优惠购权益（可享受 5 折优惠）	手机
5G 畅享套餐（个人版）238 元	语音：3 000 分钟；流量：80GB；套内权益：互联网权益 6 选 1、5G PLUS 会员优惠购权益（可享受 5 折优惠）	手机

续表

套餐名称	套餐内容	套餐类型
5G 畅享套餐（个人版）298 元	语音：3 500 分钟；流量：100GB；套内权益：互联网权益 6 选 2、5G PLUS 会员优惠购权益（可享受 2 折优惠）	手机
5G 畅享套餐（个人版）398 元	语音：3 500 分钟 流量：150GB 套内权益：互联网权益 6 选 2；5G PLUS 会员优惠购权益（可 0 元购买）	手机
5G 畅享套餐（个人版）598 元	语音：3 500 分钟；流量：300GB；套内权益：互联网权益 6 选 2、5G PLUS 会员优惠购权益（可 0 元购买）	手机
5G 畅享套餐（个人版）898 元	语音：3 500 分钟；流量：500GB；套内权益：互联网权益 6 选 2、5G PLUS 会员优惠购权益（可 0 元购买）	手机
全球通畅享套餐 128 元	语音：300 分钟；流量：20GB	手机 + 宽带
全球通畅享套餐 188 元	语音：500 分钟；流量：30GB	手机 + 宽带
全球通畅享套餐 238 元	语音：800 分钟；流量：40GB	手机 + 宽带
全球通无限尊享计划套餐 288 元	语音：1 200 分钟；流量：40GB	手机 + 宽带
全球通无限尊享计划套餐 388 元	语音：2 000 分钟；流量：60GB	手机 + 宽带
全球通无限尊享计划套餐 588 元	语音：3 000 分钟；流量：100GB	手机 + 宽带
5G 智享个人套餐 128 元	语音：500 分钟；流量：30GB；套内权益：热门会员资格 1 个，全球通银卡，国际及香港地区长途语音 100 分钟，5G 畅玩包、视频彩铃，5G PLUS 会员优惠购权益（可享 6 折优惠），5G 优享网络服务，热线优先接入服务，延期停机服务	手机
5G 智享个人套餐 158 元	语音：700 分钟；流量：40GB；套内权益：热门会员资格 1 个，全球通银卡，国际及香港地区长途语音 200 分钟，5G 畅玩包、视频彩铃，5G PLUS 会员优惠购权益（可享 6 折优惠），5G 优享网络服务，热线优先接入服务，延期停机服务	手机
5G 智享个人套餐 198 元	语音：1 000 分钟；流量：60GB；套内权益：热门会员资格 1 个，全球通银卡，国际及香港地区长途语音 300 分钟，5G 畅玩包、视频彩铃，5G PLUS 会员优惠购权益（可享 5 折优惠），5G 优享网络服务，热线优先接入服务，延期停机服务	手机

续表

套餐名称	套餐内容	套餐类型
5G 智享个人套餐 238 元	语音：1 000 分钟；流量：80GB；套内权益：热门会员资格 1 个，全球通银卡，国际及香港地区长途语音 400 分钟，5G 畅玩包、视频彩铃，5G PLUS 会员优惠购权益（可享 5 折优惠），5G 优享网络服务，热线优先接入服务，延期停机服务	手机
5G 智享个人套餐 298 元	语音：1 500 分钟；流量：100GB，国际流量 1 天；套内权益：热门会员资格 2 个，全球通银卡，国际及香港地区长途语音 600 分钟，5G 畅玩包、视频彩铃，5G PLUS 会员优惠购权益（可享 2 折优惠），5G 优享网络服务，热线优先接入服务，延期停机服务	手机
5G 智享个人套餐 398 元	语音：2 000 分钟；流量：150GB，国际流量 7 天；套内权益：热门会员资格 2 个，全球通银卡，国际及香港地区长途语音 800 分钟，5G 畅玩包、视频彩铃，5G PLUS 会员优惠购权益（可 0 元购买），5G 优享网络服务，热线优先接入服务，延期停机服务	手机
5G 智享个人套餐 598 元	语音：3 000 分钟；流量：300GB，国际流量 10 天；套内权益：热门会员资格 2 个，全球通银卡，国际及香港地区长途语音 1 000 分钟，5G 畅玩包、视频彩铃，5G PLUS 会员优惠购权益（可 0 元购买），5G 优享网络服务，热线优先接入服务，延期停机服务	手机
5G 智享套餐（家庭版）169 元	语音：500 分钟；流量：30GB；宽带 100Mbit/s；套内权益：魔百盒 1 个，免费互通电话成员 2 人，语音流量共享成员 2 人，5G 优享网络服务	手机 + 宽带 + 电视
5G 智享套餐（家庭版）269 元	语音：1 000 分钟；流量：60GB；宽带 200Mbit/s；套内权益：魔百盒 2 个，免费互通电话成员 3 人，语音流量共享成员 2 人，5G 优享网络服务	手机 + 宽带 + 电视
5G 智享套餐（家庭版）369 元	语音：1 500 分钟；流量：100GB；宽带 300Mbit/s；套内权益：魔百盒 2 个，免费互通电话成员 3 人，语音流量共享成员 2 人，5G 极速服务	手机 + 宽带 + 电视
5G 智享套餐（家庭版）569 元	语音：2 000 分钟；流量：150GB；宽带 500Mbit/s；套内权益：魔百盒 3 个，免费互通电话成员 4 人，语音流量共享成员 2 人，5G 极速服务	手机 + 宽带 + 电视
5G 智享套餐（家庭版）869 元	语音：3 000 分钟 流量：300GB；宽带 1 000Mbit/s；套内权益：魔百盒 3 个，免费互通电话成员 4 人，语音流量共享成员 2 人，5G 极速服务	手机 + 宽带 + 电视

2. 某地电信套餐

表 4-2 某地电信套餐

套餐名称	套餐内容	套餐类型
4G 畅享套餐 39 元	语音：300 分钟；流量：10GB	手机
4G 畅享套餐 59 元	语音：600 分钟；流量：20GB	手机
4G 畅享套餐 69 元	语音：300 分钟；流量：30GB	手机
4G 畅享套餐 99 元	语音：300 分钟；流量：20GB；允许最多办理 2 张副卡	手机
4G 畅享套餐 119 元	语音：1 000 分钟；流量：20GB；200Mbit/s 宽带；套内权益：天翼高清机顶盒 1 部、金卡 2 张、宽带调测费 100 元、高清机顶盒调测费 100 元	手机 + 宽带 + 电视
5G 畅享云套餐 129 元	语音：500 分钟；流量：30GB；黄金会员	手机
5G 畅享云套餐 169 元	语音：800 分钟；流量：40GB；黄金会员	手机
5G 畅享云套餐 199 元	语音：1 000 分钟；流量：60GB；白金会员	手机
5G 畅享云套餐 239 元	语音：1 000 分钟；流量：80GB；白金会员	手机
5G 畅享云套餐 299 元	语音：1 500 分钟；流量：100GB；白金会员	手机
5G 畅享云套餐 399 元	语音：2 000 分钟；流量：150GB；白金会员	手机
5G 畅享云套餐 599 元	语音：3 000 分钟；流量：300GB；白金会员	手机
5G 畅享极致融合套餐 149 元	语音：1 200 分钟；流量：30GB；500Mbit/s 宽带；套内权益：天翼高清机顶盒 1 部、金卡 2 张、宽带调测费 100 元、高清机顶盒调测费 100 元	手机 + 宽带 + 电视
5G 畅享极致融合套餐 189 元	语音：2 000 分钟 流量：40GB，500Mbit/s 宽带；套内权益：天翼高清机顶盒 1 部、金卡 2 张、宽带调测费 100 元、高清机顶盒调测费 100 元	手机 + 宽带 + 电视
5G 畅享极致融合套餐 219 元	语音：3 000 分钟 流量：60GB；1 000Mbit/s 宽带；套内权益：天翼高清机顶盒 1 部、金卡 2 张、宽带调测费 100 元、高清机顶盒调测费 100 元	手机 + 宽带 + 电视

续表

套餐名称	套餐内容	套餐类型
5G 畅享极致融合套餐 259 元	语音：3 000 分钟；流量：80GB；1 000Mbit/s 宽带；套内权益：天翼高清机顶盒 1 部、金卡 2 张、宽带调测费 100 元、高清机顶盒调测费 100 元	手机 + 宽带 + 电视
5G 畅享极致融合套餐 319 元	语音：3 500 分钟；流量：100GB；1 000Mbit/s 宽带；套内权益：天翼高清机顶盒 1 部、金卡 2 张、宽带调测费 100 元、高清机顶盒调测费 100 元	手机 + 宽带 + 电视
5G 畅享极致融合套餐 419 元	语音：4 000 分钟；流量：150GB；1 000Mbit/s 宽带；套内权益：天翼高清机顶盒 1 部、金卡 2 张、宽带调测费 100 元、高清机顶盒调测费 100 元	手机 + 宽带 + 电视
5G 畅享极致融合套餐 619 元	语音：5 000 分钟；流量：300GB；1 000Mbit/s 宽带；套内权益：天翼高清机顶盒 1 部、金卡 2 张、宽带调测费 100 元、高清机顶盒调测费 100 元	手机 + 宽带 + 电视

3. 某地联通套餐

表 4-3　某地联通套餐

套餐名称	套餐内容	套餐类型
5G 畅享冰淇淋套餐 129 元	语音：500 分钟；流量：30GB	手机
5G 畅享冰淇淋套餐 159 元	语音：700 分钟；流量：40GB	手机
5G 畅享冰淇淋套餐 199 元	语音：1 000 分钟；流量：60GB	手机
5G 畅享冰淇淋套餐 239 元	语音：1 000 分钟；流量：80GB	手机
5G 畅享冰淇淋套餐 299 元	语音：1 500 分钟；流量：100GB	手机
5G 畅享冰淇淋套餐 399 元	语音：2 000 分钟；流量：150GB	手机
5G 畅享冰淇淋套餐 599 元	语音：3 000 分钟 流量：300GB	手机

4.1.3　广电融合套餐策略探索

传统广电的套餐类型主要是电视 + 宽带，随着 192 段的放号，广电人需要考虑整个移动通信业务与“电视 + 宽带”形式的融合，在了解计费规则的基础上，要做好系统的支撑，并制定相应的渠道营销策略。

1. 套餐规则

（1）融合套餐（移动服务 + 宽带服务 + 电视）是全业务竞争背景下体现综合竞争力、带来新用户的核心竞争手段。宽带服务和电视服务是家庭用户刚需；而移动通信业务则是个人刚需。从刚需角度来说，移动通信业务最强。

（2）融合下的“定制化产品”。在移动通信市场，积极推进用户进行定向内容消费是推动 ARPU（Average Pevenue Per User，每用户平均收入）值提升的趋势，将 5G 流量套餐与特定在线内容适度捆绑已经成为业务发展的核心趋势，可以积极将 5G 套餐与集约化内容服务捆绑，比如韩国 LG U+ 提供的“体育内容 + 社交互动”服务。考虑到广电行业的“四级办”即本地化属性，广电 5G 也可以打造本地化特色内容。

（3）终端捆绑策略。捆绑对象包括不同档次的手机终端，还可以是面向老人与儿童的智能手表。针对中高档次套餐，可以将家庭宽带与家庭 Wi-Fi6 路由器、监控摄像头或智能音箱捆绑。中低档终端捆绑一般为每年 6 个月，高档终端捆绑期限一般为 2 年。

2. 计费规则

套餐规则本身涉及资费（计费方式）、生效条件（比如在不同的费用水平上进行不同的计费，或可结合用户诚信度进行条件约束）、续约（比如可以自动续约）、约定（比如流量超过套餐水平是否限定速率、资费封顶规则）等因素。

传统的计费基本上都是通过使用量、使用时长或固定时长等方式计费，5G 技术背景下的趋势是多量纲计费。多量纲计费是指在考虑以上方式之外，对流量等业务采用按上下行速率、时延、垂直行业应用、网络切片特定服务（如超高清视频及直播）、网络覆盖区域（如城区、乡村、山区、景点等）、设备数量（如跟踪装置、传感器数量）等要素计费的模式。实际上是将“流量变现”转变为“价值变现”，而价值需要结合具体场景来衡量。

3. 融合套餐市场营销策略

（1）核心策略

策略 A：高性价比策略。为用户提供更高性价比套餐，尤其与竞争对手相比，同档次套餐提供更多时长、流量。

策略 B：面向竞争对手用户从 4G 向 5G 的升级需求，提供针对性低档次套餐。

策略 C：针对家庭用户积极发展智慧家庭应用，通过家庭成员黏性获得业务黏性。主要方式有：主副卡捆绑；在融合套餐中适度捆绑电视机顶盒副机业务；向有孩子的家庭用户提供专门适合孩子的移动卡（如“亲子守护卡”），针对该卡提供绿色上网、上网时长限制、查看孩子实时位置等服务；面向老人提供可定位手环（类似物联网业务）。

策略 D：可以考虑结合上下行速率分级的计费策略，区分不同档次用户。比如农村用户的移动上网业务，主要是下行业务，而上行业务需求不高。

策略 E：基于阿里巴巴的战略股东身份，可以面向中高端用户，结合芝麻信用及阿里所有控股的应用进行终端和应用捆绑销售。

（2）大众市场策略

① 针对电视的用户

办 5G 套餐首月赠送 3～10GB 手机流量，并以“老用户优惠”名义免费升级高新机顶盒，并在电视端提供 1～3 个月新内容免费试用（赠送情况视套餐额度）。

② 针对电视 + 宽带已有的用户

办 5G 套餐首月赠送 5～10GB 手机流量，在电视端提供 1～3 个月新内容免费试用，并向中高端（电视 + 宽带）用户免费升级高新机顶盒，并提供 Wi-Fi 路由器、监控摄像头或智能音箱、智能手表等购买优惠。

③ 针对流失的用户

加强全新融合套餐与增值内容升级告知。

为潜在流失用户推出“老用户优惠”，提供1～2个月新内容免费试用的服务。

为已流失的用户在办理新套餐时，提供以旧换新高清智能机顶盒的服务。

④ 针对携号转网的用户

做好号码携带的服务保障，包括提供便利的号码携带服务，帮助用户完成手机通信录等内容转移。

（3）集团客户策略

针对一些集团客户需求制订融合业务发展方案，巩固和发展用户。

（4）校园策略

校园网注重的是低价和渠道落地执行，目标是在形成用户黏性基础上争取学生用户。

为校园网用户推出免费互通电话服务，实行年度合约制（建议2～3年），按照“低语音（指校园网外）+高流量（通用流量+定向流量）”进行套餐设计。

（5）酒店策略

针对酒店宾馆已有的套餐，推出一户一案制（开机及旅游定制），捆绑通信业务捆绑，巩固用户。

（6）政府需求策略

针对政府需求定制方案，捆绑融合业务，发展用户，为集客市场寻求更多空间。

（7）国家电网策略

针对股东需求，国家电网单独定制方案，捆绑融合业务，发展用户。

（8）老年群体策略

针对老人＋老人机＋老人门户及内容定制方案，捆绑融合业务，发展用户。

（9）门店策略

针对手机卖场定制方案，发展用户。

（10）农村市场策略

在城镇市场策略基础上，设计低端套餐，并提供对应的终端。

通过户户通与广电通信业务进行捆绑，发展用户。

4. 渠道营销策略

（1）渠道策略

面向个人移动通信市场，按照“四统一”要求逐步建设好线上线下一体化的营销渠道，尤其要不断加强线上渠道（掌上营业厅、淘宝店、客服座席）服务能力。

为了加强宣传和实现渠道推广，广电 5G 发展初期（24 ～30 个月以内），在市场渠道方面需要与社会营业厅、手机卖场等销售渠道积极协作。

除了提供基本的服务之外，自有营业厅必须做好核心工作：品牌宣传及 5G 业务展现，在此基础上进行业务销售；提供携号转网、账单打印等特色服务；特色定制终端展现，及其相关套餐推广销售。

从长期看，线下销售渠道将以自有营业厅为主、以社会合作营业厅为辅。就整体自有渠道策略而言，在打造若干自有的旗舰营业厅的同时，还要加强线上渠道销售。

（2）营销策略

在营销层面，需要进行广泛的广电 5G 品牌宣传与业务告知。除了宣传广电 5G 本身覆盖广、穿透性强的优势之外，还要体现广电服务全新升级（全方位的个人与家庭服务、更丰富的互联网内容）、广电老用户优惠等。

4.1.4 广电融合套餐模型

根据上述规则及广电业务情况，中国广电某地公司制定了 5G 融合套餐模型，如表 4-4 所示。

表 4-4　某地广电 5G G0 套餐

服务分类	内容		档次 1	档次 2	档次 3	档次 4
	业务类型	新入网、续费、升级等	√	√	√	√
	业务时间	1 年	√	√	√	√
	配套硬件	调制解调器、机顶盒	√	√	√	√
电视服务	电视基本	直播频道：200 多个频道（含高清/4K）	√	√	√	√
		回放频道：150 多个频道（7×24 小时）	√	√	√	√
		互动 TV：电影、电视、综艺等	√	√	√	√
	电视增值	电视院线				√
		儿童业务		√	√	√
		老人业务			√	√
		视频、游戏、音乐、教育等				√
宽带服务	铜缆	50Mbit/s				
		100Mbit/s	√			
	光纤	100Mbit/s（上行 30Mbit/s）	√			
		300Mbit/s（上行 30Mbit/s）		√		
		500Mbit/s（上行 30Mbit/s）			√	
		1 000Mbit/s（上行 50Mbit/s）				√

续表

<table>
<tr><th>服务分类</th><th colspan="2">内容</th><th>档次 1</th><th>档次 2</th><th>档次 3</th><th>档次 4</th></tr>
<tr><td rowspan="5">通信服务</td><td rowspan="3">通信基本</td><td>语音</td><td>1 000 分钟</td><td>1 000 分钟</td><td>2 000 分钟</td><td>2 000 分钟</td></tr>
<tr><td>流量</td><td>20GB</td><td>40GB</td><td>60GB</td><td>100GB</td></tr>
<tr><td>彩信 / 短信</td><td>1 000 条</td><td>2 000 条</td><td>2 000 条</td><td>2 000 条</td></tr>
<tr><td rowspan="2">通信增强</td><td>互通电话成员数量</td><td>2</td><td>2</td><td>3</td><td>4</td></tr>
<tr><td>流量 / 语音共享数量</td><td>2</td><td>2</td><td>3</td><td>3</td></tr>
<tr><td rowspan="5">会员服务</td><td rowspan="5">权益</td><td>等级</td><td>普通</td><td>银卡</td><td>金卡</td><td>铂金</td></tr>
<tr><td>网络</td><td>5G</td><td>5G</td><td>5G</td><td>5G</td></tr>
<tr><td>积分</td><td>1:1</td><td>1:1.5</td><td>1:2</td><td>1:3</td></tr>
<tr><td>流量定向业务</td><td>6 选 1</td><td>6 选 2</td><td>6 选 4</td><td>6 选 6</td></tr>
<tr><td>服务</td><td></td><td></td><td></td><td></td></tr>
<tr><td>其他</td><td colspan="6">套餐订购规则、生效规则、通信封顶规则、互通电话规则、语音流量共享规则、国际业务规则、权益规则等</td></tr>
</table>

说明：1. 目前没有考虑手机终端捆绑

2. 目前暂时以一年为周期

4.1.5 融合套餐相关后台支撑议题

在做好广电融合套餐的同时，还需要做好后台运营支撑系统（BOSS）等工作。

1. 以全业务系统为目标改造BOSS系统

为了更好地支撑前端用户服务和客户营销，必须汇聚完整的用户信息和用户业务数据，以全业务系统为目标改造 BOSS 系统。

2. 客服系统要有完整的全业务系统支撑和全业务营销能力

在支撑层面要有全业务知识库、用户完整业务信息。此外，客服系统中的电话座席将作为线上体系的重要一环，需要加强团队建设。

3. 网上营业厅、实体营业厅及网格改造

自有营业厅要支持携号转网，并做好相关服务。网格要继续按照“营维一体”原则加强移动通信业务及全业务知识和技能学习。

4. 套餐与服务规则改造

通信业务相关服务与套餐体系融合，变量、约束条件更多需要体现在协议上，且强化全员业务培训需要一定周期。

5. 账号及会员系统改造

广电运营商现有账号系统更多基于有线电视智能卡，而全业务账号将完全基于移动号，需要做好改造迁移工作。

6. 结算规则和折扣报备

各地套餐落地过程中能够给予的折扣水平，必须要到中国广电集团公司报备。地方运营商有哪些自主审批权？结算规则如何确定？投入产出怎么核算？这些问题需要进一步明确。

7. 套餐成本核算

需要在财务层面建立套餐成本测算的模型表。

8. 其他

由于目前“广电全国一网”还在推进中，部分地区甚至还未完成“全省一网”整合工作，所以还要考虑以下问题。

（1）网络整合问题。针对未整合的地市级网络和县级网络，广电需要分

类、分批采用逐步整合或者业务合作的模式，推动“192”套餐的实施。

（2）“户户通”渠道对接。通过通信技术与“户户通”技术的融合、借助现有“户户通”基础设施进行改造后发展“192”套餐用户。

（3）串号问题。针对不同地区因资费不同导致的串号问题，可参照不同运营商网间结算策略，解决不同地区之间营业收入结算的问题。

4.1.6 广电 5G 前景与携号转网简析

携号转网是打破电信市场竞争格局的重要政策，也是广电运营商在 5G 发展过程中应充分重视和利用的行业政策。

1. 工信部再次大力推进携号转网

2011 年 11 月初，工信部发布公告，决定自即日起到 2022 年 3 月底开展“信息通信服务感知提升行动”，要求相关机构必须在 2021 年 12 月底前完成各项具体措施。其中针对中国电信、中国移动、中国联通、中国广电 4 家基础电信企业的携号转网服务能力，工信部要求基础电信企业在全国范围内新开放可办理携出服务营业厅 10 000 家；实现携入服务的网上办理和携出用户异地营业厅话费余额退还服务，同时鼓励基础电信企业实现异地营业厅办理携入服务。

所谓携号转网，就是要在用户不改变号码依赖性的基础上，让电信运营商真正凭借产品性价比和服务质量留住用户。相比虚拟运营政策，携号转网政策若能有效实施，将真正有利于降低市场竞争门槛，成为促进行业竞争和改善电信行业格局的关键利器。

实事求是地说，工信部此次的要求及执行时间是非常细致、清晰的——就差没有具体明确携号转网办理凭证或专设办理窗口等，因为这些细节操作事宜毕竟属于市场参与者微观运营范畴而非监管实施范畴。其实，工信部早在 2019 年 11 月 11 日就下发了《携号转网服务管理规定》，其中对携号转网服务中的禁止行为做了非常清晰的规定。这些禁止行为包括：

（1）无正当理由拒绝、阻止、拖延向用户提供携号转网服务；

（2）用户提出携号转网申请后，干扰用户自由选择；

（3）擅自扩大在网期限协议范围，将无在网期限限制的协议有效期和营销活动期默认为在网约定期限，限制用户携号转网；

（4）采取拦截、限制等技术手段影响携号转网用户的通信服务质量；

（5）在携号转网服务以及相关资费方案的宣传中进行比较宣传，提及其他电信业务经营者名称（包括简称、标识）和资费方案名称等；编造、传播携号转网虚假信息或者误导性信息，隐瞒或淡化限制条件、夸大优惠事项或携号转网影响、欺骗误导用户，诋毁其他电信业务经营者；

（6）为携号转网用户设置专项资费方案和营销方案；

（7）利用恶意代客办理携号转网、恶意代客申诉等各种方式，妨碍、破坏其他电信业务经营者携号转网服务正常运行；

（8）用户退网后继续占用该携入号码；

（9）其他违规行为。

一方面，从上述严格而清晰的携号转网禁止行为来看，工信部对该政策的落实要求与期望是很高的。当然，按照政策，手机号还在履行运营商定期协议，则不具备转网资质。所以，电信运营商以长期性套餐捆绑手机用户，这是一种正常的运营规则；或者说，携号转网政策不干涉运营商正常运营行为。当然，如果运营商在用户不知情的情况下，偷偷捆绑各种服务就属于非正常行为了。

另一方面，携号转网政策的收效依然有待提升。工信部 2020 年电信服务质量专题座谈会上公布的数据显示，全国有超过 40 万个营业厅为用户办理了“携号转网”手续，已经为超过 1 700 万用户提供了该服务。这一数据量看似不小，但若与 2020 年年底 11.36 亿的移动用户总数相比来看，政策实施 13 个月后携号转网用户在总移动用户占比仅为 1.496%。

因此，在上述管理规定实施两年以来，工信部又进一步对携出服务办理营业厅数量、携入服务网上办理和异地办理等方面提出要求，其“线下 + 线上”推进携号转网的举措再次直指用户办理体验。这也证实：工信部在推动携号转网和改善行业竞争格局的诉求是坚决的。

2. 广电5G与携号转网政策或将相互促进

有意思的是，携号转网一事与广电网络的全国性整合进程似乎有一致性。广电行业整合也是从 2010 年（三网融合政策正式推行）开启，并在 2019 年进入决定性转折期（获得 5G 牌照）。而随着广电 5G 即将来临的全面放号，“携号转网”这一政策利器或将因广电 5G 真正崭露锋芒，有望实质性改变电信行业竞争格局。

就“存量”而言，国家广电总局发布的《2020 年全国广播电视行业统计公报》显示，全国有线电视实际用户数为 2.07 亿（家庭用户）。广电行业通过向这些家庭用户推行第二终端、第二张卡号等手段，可以从其现有存量家庭用户中获得移动用户。但即使按照平均每个家庭 3 个人、3 ～4 年内总成功转化率为 25% 计算，中国广电能获得的“存量”移动用户数大约在 1.5 亿。相对现有的三大电信运营商及目前 16 亿多的移动用户数，这点规模肯定是不足的，无法真正改变行业格局。

所以，广电 5G 用户更重要的来源将是“增量”用户，就是向其他三大运营商争夺的用户；而考虑到多数（非老年）用户的号码依赖性问题，携号转网政策的有效实施正是其中关键！如果不能有效实施，还是停留于目前 1.496% 水平的转网率，那么中国的手机用户将只能继续困于原有号码相关的运营商壁垒之中。携号转网如果无法有效落地，即使是潜在的短信验证失败和时延问题，都会很大程度上阻挡众多中高端用户的转网设想。相反，若是携号转网政策能够有效实施，则广电 5G 在“增量”用户发展上将获得广阔前景，电信行业竞争格局将更多由运营商的产品性价比与服务质量决定，第四张 5G 牌照的颁布就具有了实质性意义。

现在的利好消息是，广电 5G 凭借 700MHz 优质频段的技术优势，其 5G 产品会拥有更高的性价比。这与印度电信运营商 Jio 刚入市的情形类似：Jio 凭借云化 4G 网络以原有市场四分之一的价格，生生将印度电信服务价格降下去的同时，也使自己成为印度最大的移动运营商。所以，在广电 5G 凭借技术优势进入市场后，业内人士担忧的产品同质性问题必然不存在。而且，与其他三大电信运营商相比，中国广电非常关键的另一产品优势就是没有繁复的套餐体系，可以通过简化套餐来满足用户需求。

3. 广电5G携号转网工作关键

在建设完善广电 5G 网络和推出简约化套餐之外，中国广电需要从以下几个方面做好携号转网工作。

首先，中国广电要按照工信部携号转网政策，在运营支撑系统、用户携号转网服务感知等层面与工信部积极对接，提供类似“转网流程捷径须知”“携号转网困难应对办法”“一键转网”“跨地转网”和“携号转网投诉热线”等信息与服务。

在业务层面做好携入服务仅仅是中国广电的常规动作。中国广电要从不同的用户角度出发，积极为用户提供有益的携号转网流程须知、“一键转网”、潜在阻碍应对策略等信息服务。这其中就包括很多客服层面的培训与信息系统支撑。此外，针对用户携号转网遇到的各种阻碍，中国广电还要与工信部配合做好接听投诉热线、加强用户调研等工作，乃至推出阶段性的携号转网公开数据或服务报告等。

其次，中国广电应该在营销层面积极宣传广电 5G 网络技术优势、产品优点，以及全面便捷的携号转网服务。

信息爆炸时代，中国广电应该在自有营业厅及电子渠道、第三方社会服务渠道及媒体层面积极展开营销宣传，主要包括：广电 5G 覆盖广、穿透性强、部署快等技术优点；广电 5G 套餐的高性价比和简约化特色；中国广电配合工信部，以用户利益为中心，推出的各项携号转网服务。

从工信部过去 11 年里的坚决态度，以及 5G 时代所必需的市场格局来看，广电人有理由相信：在磨砺 11 年之后，中国的携号转网政策将在 2022 年真正落地，电信市场将由此进入新的发展阶段。

4.2 广电5G高新视频

在5G个人应用上，目前大家比较公认的有六大类：（1）5G高新视频（4K/8K、多视角、慢动作等）；（2）5G云游戏；（3）5G VR/AR；（4）5G视频彩铃；（5）5G SIM卡（超级SIM、eSIM）；（6）5G消息。其中，5G高新视频是被提及频率最多和最受期待的业务。

“高新视频”作为一个新概念在2019青岛国际影视博览会被正式提出，其具体含义是指“高格式、新概念”的视频。“高格式”是指视频融合了4K/8K、3D、VR/AR/MR、高帧率、高动态范围、广色域等高新技术；“新概念”是指视频具有新奇的影像语言和视觉体验的创新应用场景，能够激发观众兴趣并促使其产生消费。

4.2.1 沉浸式视频

4k/8K超高清视频、三维立体声等先进的视听技术与5G广播技术结合，将给用户带来图像更为清晰细腻、画面更为连贯流畅、色彩饱和逼真、声音如临其境的节目内容。这就是沉浸式视频概念。5G时代下的沉浸式视频应用聚焦于超高清视频、全景式音频及更具沉浸感的终端设备，将极大发挥广播电视行业善于制作高水平视频内容的优势，制作和传输更高质量、更强沉浸式体验的内容，结合超高清电视、环幕屏等各种形态的新型终端，从而让受众获得前所未有的沉浸式的感官体验。

1. 应用场景

4K/8K 超高清视频制作技术日趋成熟，结合 5G 广播技术将可以更广泛地应用于大型赛事、活动、事件等直播需求，从而带来超高清沉浸式的直播体验。

在移动视频业务领域，终端设备的更新迭代已经能够支持超高清、高动态范围（HDR）及三维立体声等沉浸式的视听体验，随着未来柔性屏幕等平线技术的革新发展，结合 5G 技术可使用户在移动端享受到非常流畅的、更高质量的沉浸式视频内容，并可随时随地将视频分享、上传、面对面传输等。移动端的视频消费模式也将从现有的“观看、点播”视频内容过渡到更多新的模式，最显著的两大趋势是社交视频和移动实时视频，人们将可以随时随地观看和分享视频。

随着用户收看体验的日趋个性化和多样化，也有可能催生更具沉浸感的影院级沉浸式收看终端。如基于多面屏或者环幕屏的沉浸式视频体验，将带来更高清晰度和更大的画面，结合环绕立体声效果可给予观众身临其境的视听感受。5G 技术与多面屏或者环幕屏等各种新型方式的融合应用会衍生出新的内容交互模式和场景，可广泛应用于大型赛事 / 活动 / 事件直播、视频监控、远程现场实时展示等需求领域。

2. 5G关联度及其他关键支撑技术

超高清沉浸式视频对传输带宽提出了更高的要求。4K/8K 视频传输速率至少分别为 12 ～40Mbit/s、48 ～160Mbit/s，4G 网络已无法满足 4K/8K 视频传输对网络流量、存储空间和回传时延等技术指标要求，而 5G 网络以其良好的承载力正成为解决该场景需求的有效手段。利用 5G 高带宽特性可以对高质量的视音频数据进行实时采集，实时传输至后端信息处理中心，通过服务端的大数据信息分析，最后实时分发给用户，犹如身临现场一样，可以无时差地捕捉每一个细节。基于 5G 技术的输入传输设备，利用其高带宽、低时延的优势，不仅可以实现 4K/8K 等超高清视频的实时传输及用户数据反馈，满足娱乐及互动的需求，还可以拓展至大型赛事 / 活动 / 事件直播、远程现场实时展示等应用场景，实现更具现场感的视听体验。

超高清沉浸式视频的其他主要支撑技术包括：超高清视频制作技术、超高清视频呈现技术、沉浸式音频技术、高效音视频压缩编码技术等，这些都是较为成熟的技术，并且在市场上也有相关产品。在视听内容制作领域，随着计算机运算能力的提升，包括高分辨率、高动态范围、广色域、高帧率、高比特率等在内的超高清视频制作技术飞速发展。

目前 4K 制作设备和制作能力均已比较成熟，8K 在摄制方面已经有部分前后期设备的支持，甚至能够实现 8K 120P 的拍摄和剪辑制作。在沉浸式音频方面，已经有杜比全景声和 Auro 3D 等行业内应用较多的标准，可将音频扩展到三维空间，未来将帮助沉浸式视频拓展空间表现力和临场感。

在压缩编码领域，H.265/HEVC、谷歌 VP9 编码全面支持 4K 与 8K 的超高清视频压缩编码，我国也自主制定了最新 AVS2 视频标准用于满足 4K 超高清视频应用；此外，NHK 正在制定和研发专门面向 8K 的 H.266 视频编码标准。

在超高清呈现技术方面，超高清电视机已经成熟并已产品化，柔性屏幕已初步在手机终端试验应用（见图 4-1 的应用案例）。未来将帮助实现屏幕的移动伸缩，让观众能够在家中、车内、办公室等任何场合选择合适大小的屏幕观看；其他多面屏或者环幕屏显示系统在影院或者游乐场所等其他领域已有类似应用。

图 4-1　湖南省长沙市博物馆规划展示馆内的环形屏幕

3. 产业基础及发展趋势

在内容制作领域，目前国内的超高清和三维声的内容制作才刚刚起步。在超高清内容制作方面，已有较为成熟的方案，但仍有部分环节受技术瓶颈制约。如前期拍摄已能够较为流畅的完成，但受到 8K 监看设备缺乏影响，在对焦、构图上对拍摄速度有一定程度的限制要求。在后期制作方面，主要受计算机运算能力和超高清海量素材的制约，在存储速度和生成速度上还存在瓶颈，制作效率还没有达到高效。在沉浸式音频方面，国内产业支持程度较为滞后，一方面现存机顶盒不能支持解码，另一方面多声道音响难以部署在普通用户家中，而 Sound Bar 等简化解决方案价格较高还难以普及。

在传输方面，基于 5G 网络的超高清直播正在多地展开试验。直播已能够较好地解决现阶段后期制作上的速度问题，目前基于 5G 网络点对点的 4K 传输较为成熟，但是 8K 传输仍然受制于编码效率和网络状况，存在码率比较低的问题，还不能达到非常高质量的传输。

在终端方面，4K/UHD 电视机已经发展成熟，占据了全球一半以上的市场份额。在移动端，华为、苹果等最新推出的手机型号都已经支持虚拟三维声和 HDR 等更富有沉浸感的观看效果，而 LG 、三星、京东方已研发出柔性 AM0LED 显示屏幕，将应用在下一代的手机终端上。

另外，在影院级的屏幕显示方面，2018 年初，电影技术公司 CJ4DPLEX 在影厅推出了 Screen X 多面投影系统，如图 4-2 所示，通过 270 度多面投影将荧幕扩展至两侧墙面，将电影中的画面投放到三面空间。未来通过液晶显示屏或者投影的方式将多面屏、环幕甚至穹幕引入家庭，并利用 5G 网络传输适合特种屏幕显示的视频信号，使用超高清节目的宽带，有可能实现让用户在家里体验影院级的观影感受。

毫无疑问，更优质的视音频体验是未来发展趋势，将会普及至大众家庭。推动超高清内容产业发展，应在内容制作、机顶盒普及、超高清视听标准完善、技术壁垒降低等多方面着手。此外，8K 体验感对于终端的尺寸要求较高，未来并不是所有的终端都适合接受 8K 信号，需要建立兼容各种终端的自适应传送方案。基于 5G 网络的超高清视频业务也可以采取“广播”方式进行分发，同时基于 5G 网络可以让“广播”方式具备更强的交互性。

图 4-2 Screen X 多面投影系统

4.2.2 交互视频

5G 带来的高带宽可以传输大容量、多视角的视频内容。观众可以根据自身的兴趣及需求，自己当导演切换画面，从多路视频中进行个性化的选择及观看。同时借助大数据、人工智能及相关的人机交互等技术，提升观众自主选择性和互动体验感受，从而进一步加强用户黏性。

1. 应用场景

融合超高清视频、跨屏互动、人工智能等核心技术，可以推动高新视频与文化、体育、影视、音乐、旅游等创意产业深度结合，丰富影视节目的互动手段，增强用户的自主选择权和观看体验。

如图 4-3 所示，围绕重大体育赛事，以体育赛事的“5G+8K”视频制作和传输技术为基础，可以综合运用 VR/AR、裸眼 3D、新型人机交互等技术，实现支持智能选择、多视角切换、多倍率缩放和互动资讯点取等高新视频直播互动新体验。在影视剧和综艺节目方面，结合 5G 网络和交互设计生产互动影视内容，观众可以通过自主选择剧情走向、观看视角、探索画面信息等交互方式获得更为个性化的体验。

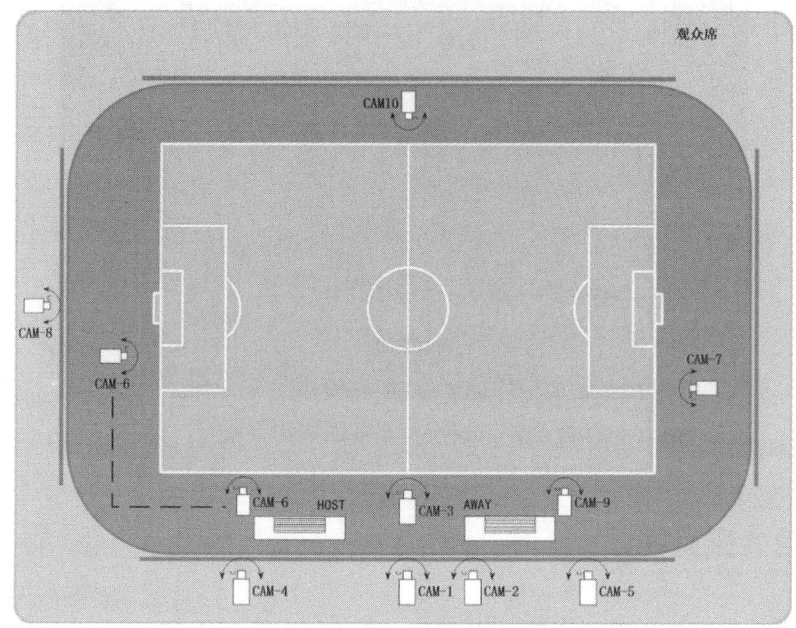

图 4-3　5G 与体育的结合

在音乐领域，观众不仅可以身临其境地观看演唱会等大型直播活动，自由选择观看某位歌手或者嘉宾，还可以与节目中的主持人或嘉宾实时互动问答，这可为节目方或活动运营商拓展更大的创意和盈利空间。

在旅游领域，景区内全景摄像头拍摄的画面，通过 5G 网络实时传输到云端，用户可以随时在电视、手机或其他终端中选择自己感兴趣的景点直播信号，并自由切换视角，结合 VR 和大数据技术，更可以构建沉浸式旅游景点交互体验，同步为用户智能推荐景区活动。

2. 5G关联度及其他关键支撑技术

5G 提供了更大的带宽，通过现场的多通道直播系统，可以将不同位置拍摄的高质量、多视角的画面，通过 5G 网络以广播的方式直接呈现给用户，从而让用户可以自由地选择观看的视角，而不再局限于导播给出的单路画面。观众甚至还可以任意选择区域缩放，结合人脸识别技术，追踪或者放大自己想要观看的人物局部画面。此外，基于 5G 网络还可以与云端的视频内容进行交互，在 5G 网络上通过 QTE（Quick Time Event，快速反应事件）、大量视频预加载技术可使用户交互的流畅性、体验感大大提升，呈现千人千面的视频内容。

除了 5G 技术之外，个性化交互视频所需要的主要支撑技术还包括人工智能、大数据、云计算、计算机交互技术等。借助人工智能与大数据技术可以更好地理解用户行为；个性化的算法融入更多社交元素将带来内容的变革。云端将云存储和直播技术融合，在既保证了单个画面的高质量传输，又保证了多画面并发传输的同时，移动直播与实时互动技术的结合还将产生更好的体验。此外，随着未来物联网的发展，结合可穿戴设备、智能家居设备等，还可实现基于生理、心理和不同场景的进一步交互，如收集用户信息、模拟天气和时间，使视频更加贴近现实等。

3. 产业基础及发展趋势

目前部分网络视听平台在体育赛事直播时已经推出自主视角选择的应用。腾讯体育在 NBA 赛事直播中为会员提供的多视角赛事观看系统，让观众能够体验从两侧篮球架下面及场边 VIP 座席等角度观看比赛，并能在直播中自由切换画面，不再局限于导播给出的单路画面。而中国移动旗下的咪咕视频正在构建面向 5G 的超高清直播互动 QoS 模型（服务质量模型），目前已经实现最多 11 个通道的直播，并提供“饮水机视角”“球员视角”等不同视角供观众选择观看，从而为观众带来多维度的观赛体验。在影视和综艺方面，2021 年开始，爱奇艺、腾讯、B 站等相继推出互动视频开放平台，为观众提供分集剧情、角色切换、画面信息探索等丰富的互动体验。交互视频在演唱会等场景也有应用，甚至可以与 VR 相结合，实现音乐会或者表演的多人参与。

在目前的交互方式中，视角选择画面数量还有限，质量也有待提升，能达到

4K 以上分辨率的视频内容稀缺，主要制约因素是传输带宽有限，无法传输多角度的大量超高清视频。终端人机交互技术已相对成熟，但交互方式还较为单一，智能化及便捷性有待加强。虽然交互视频还是一个新兴领域，但其在视频行业已经有一定的应用基础，前端的制作技术并没有太大的技术瓶颈，相关的标准化工作正在积极推进，这将有利于加快交互视频的基础设施建设。随着 5G 时代传输带宽的增加和 AI 及大数据技术在电视终端的进一步应用，新技术将为交互视频提供更大的想象空间，视频质量得到优化，角度更多样化，人机交互方式更加便捷。届时，个性化视频选择及交互应用规模有望呈现可观增长，从而可以更智能化地根据用户喜好为不同用户提供不同素材、不同视角的高新视频内容。

4.2.3 8K 立体 VR

VR/AR 从 2016 年开始飞速发展，视频内容一般是全景 360 度视频，因受到网络带宽的限制和笨重终端设备的制约，VR 视频单眼的分辨率较低，局部视角甚至只有 270P。这一体验水平严重制约了 VR 产业的发展。

8K 立体 VR 中的 8K，是 VR 内容源的全视角分辨率。以采用 ERP 方式投影的 VR 内容为例，8K 的分辨率包含了水平方向 360 度、垂直方向 180 度视角的信息，而目前主流头显的局部视角多在 90 ～120 度。因此，对于 8K 分辨率的 VR 内容，实际体验时的局部视角分辨率能够接近高清水平，达到专业级影像质量，呈现更多的细节和更为身临其境的效果。VR 产业要实现高频次的、可产业化的应用，那就应该运用 8K 技术拍摄制作 VR 内容；这是 VR 还原视频质量的基本要求。此外，高阶的 VR/AR 应用还需要更高的速度和更低的时延，随着 5G 的应用，高质量的 VR/AR 内容处理将走向云端，加之个人终端轻量化，VR 业务有可能成为移动网络最有潜力的大流量业务之一。

1. 应用场景

8K 立体 VR 内容的应用场景更倾向于体验，将传统视频的二维平面拓展到

360 度的全空间，将被动观看变为一定程度上的交互式主动参与，通过更富有表现力的沉浸式场景，拉近了与观众的距离。观众能够以主观视角的方式进入视频内容的场景中，与虚拟物体和人物产生互动，来增强代入感，从而实现虚拟与现实的结合。观众可以成为虚拟的角色、体验虚拟的购物过程、感受虚拟的社交和互动，实现各种代入式的虚拟体验。如将 8K 立体 VR 定义为一种艺术形式，将其与影视、娱乐、文化、教育、宣传等业务相结合，则可以衍生出多种目前能够落地的应用场景。

2. 5G关联度及其他关键支撑技术

8K 立体 VR 从生产制作到最终呈现给观众，相应的环节包括了全空间图像的采集、VR 内容的拼接处理剪辑制作、VR 内容的编码传输、终端解码渲染显示。系统中每一个环节都有相对应的核心技术、软硬件产品等。

5G 满足了 8K 立体 VR 在传输环节上对关键技术的要求，可为 8K 立体 VR 提供超大带宽、超低时延和更多终端设备的接入服务。首先，带宽方面解决了 8K 立体 VR 的大数据量需求；同时，8K 立体 VR 的这个需求也为 5G 提供了很好的应用场景，使得 5G 优势得以充分发挥。其次，5G 超低时延是 8K 立体 VR 很重要的一个发展方向，给注视点渲染或非全视角传输技术的实现提供了时延参数保证。因此本地算力可以向云端上移，使得终端结构简化、重量减轻、人体工学设计有了更大的提升空间，也使得终端成本进一步降低，这些都极大地有助于 VR 设备在 C 端的普及。再者，5G 更多的终端接入服务，使得 8K 立体 VR 能够更多地从固定场景、固定接入走向移动场景、无线接入，赋能 VR 实现多元化业务场景。

在内容采集方面，所涉及的关键技术主要包括：采集设备的动态范围（像素量化深度）、可采集的分辨率（目前为 4 ～11K）、观众兴趣点引导设计、多相机一致性及同步控制等。在多路视频的同步及效果一致性的问题上，目前基本是由 VR 相机的设计生产厂家去解决。

在制作加工方面，所涉及的关键技术主要包括：在质量上更高的离线拼接缝合算法、能够兼顾效果的实时拼接缝合算法、拍摄设备等无用信息在画面中的消除技术、保证动态图像运动稳定的技术等。缝合是 8K 立体 VR 制作中至关重要的环节，通常各 VR 相机制造厂家都会推出针对自家相机的缝合软件，当然也有可以适配多家相机的通用型的缝合软件。目前应用最广泛的缝合软件如 MistikaVR。缝合的速度取决于缝合所采用的算法和系统的算力，不同缝合精度的算法执行效率相差还是非常大的。目前在双 NVIDIA GTX 1080Ti GPU 的系统上，已经可以实现效果较为理想的 8K 分辨率的实时缝合；而在同样的系统上，精细化的缝合耗时将会是拍摄所用时间的 100 ～200 倍。

在传输方面，所涉及的关键技术主要包括 5G、基于 802.11ax 的 Wi-Fi6、10GPON 等。在终端显示方面，所涉及的关键技术主要包括：近眼多焦面显示技术、注视点渲染、将渲染拆分为云渲染与本地渲染两部分的混合渲染、深度学习渲染（图像降噪、分辨率提升）等。

在感知交互方面，所涉及的关键技术主要包括：交互主体位置追踪、眼球追踪、沉浸声场、各种感知反馈及机器对于交互输入的识别与理解等，这些技术较为庞杂。

3. 产业基础及发展趋势

随着高带宽传输技术的成熟，传输超高分辨率的视频和云端渲染成为可能，能够实现实时 CG 渲染和更为丰富的交互设计，VR/AR 终端也逐步变得更轻便化。

国内支撑 8K 立体 VR 应用场景落地的产业基础比较完善。特别在内容采集、制作加工及传输环节所涉及的相关产业发展上，我国处于国际领先水平，国内已有几家公司具备 8K 立体 VR 内容量产的能力。尤其 5G 技术的推动特别有助于 8K 立体 VR 业务的繁荣发展。在终端显示方面，现在的头显设备基本都能达到左右眼各 2K 的水平。苹果、惠普、创维等公司都在开展对更高质量头显设备的研发，但是目前的芯片技术还无法满足双眼 8K 的需求。未来两年，VR 主流还是 4K 显示 8K 硬解码，比较大的转折点可能会在 2022 年。在终端显示、感知交互相关产业方面，我国主要以跟随为主，虽然在创新能力上与国外企业尚存一定的差距，但在发展水平上与国外差距不大。未来需要进一步研究的，一是交互技术和交互方式的设计，如何让虚拟技术与用户体验更好结合；二是与文化、教育、影视等创意产业深度结合，增加用户的体验和消费欲望。

目前 VR、5G 都处于技术创新与产业变革的窗口期，应牢牢把握住这个机遇，落实好国家优化扶植政策，推动产业快速发展，这是未来信息化建设的突破点，将产生极为可观的社会及经济效益。

4.2.4 云游戏

在传统游戏产业，由于深受游戏主机和 PC 显卡更新高昂的成本限制，游戏性能的推进始终步履蹒跚，且玩家群体的扩展也一直受到硬件售卖的掣肘。在此背景下，面向 5G 结合虚拟化技术和云计算技术的云游戏概念应运而生，并以“任何终端，任何地点，任何游戏”的愿景迅速吸引了大量目光。

1. 应用场景

云游戏的基本工作方式是：基于云计算技术，在服务器端虚拟机上运行游戏，然后将渲染好的游戏画面压缩后通过网络传输给用户（包括计算机、机顶盒、移动终端等），再把用户对画面所做的操作，通过网络传输给服务器，从而实现在“云端”玩游戏的场景。在云游戏架构下，终端客户不需要下载、安装游戏，只要连接互联网，哪怕是硬件配置要求高、运算量大的游戏也能顺利运行。

在云游戏模式中，终端（计算机、电视机、平板电脑、手机）不再负责游戏的画面渲染和大部分计算，只负责视频播放和收集用户信息的操作，所以对终端的算力和画面渲染能力的要求大大下降，同时，由于所有游戏记录都存储在服务器端，从而降低了玩家在不同的终端之间切换的难度。此外，云游戏运营商往往会向游戏厂商购买大量的游戏，作为自己云游戏服务的游戏库。而所有的游戏文件都存储在服务器端，终端只要传输不同游戏的画面就能应用不同的游戏。

2. 5G关联度及其他关键支撑技术

服务端虚拟化技术和分布式云计算技术是云游戏技术得以成立的两块基石。优质的网络连接和低廉的带宽成本，则会成为云游戏产业腾飞的翅膀。服务端虚拟化技术基本分为 CPU 的虚拟化和 GPU 的虚拟化两部分，CPU 的虚拟化在 2000 年就已成熟，而 GPU 的虚拟化曾经在很长的一段时间内都是业界难题，直到 2010 年后，英伟达、AMD 和英特尔都拿出了成熟的 GPU 虚拟化解决方案，这一问题才逐渐得到解决。

2008 年前后，随着谷歌和亚马逊纷纷开始建设自己的数据中心，利用分布式计算技术，困扰云游戏发展的大量服务端存储和计算资源问题逐渐得到解决。利用分布式文件系统和分布式计算模型，可以将整个云计算集群的算力和存储能力进行充分的调度，保证在大多数时间内可以将各台服务器分给多路使用，并处于高负荷运转的状态，减少运算资源的浪费。

在云游戏应用场景中，除了服务端的技术之外，如何用高速网络将渲染好的游戏画面送到用户终端上是重要的技术难题。众所周知，游戏作为即时反馈的拟真娱乐方式，低时延、高画质是其追求的重要参数，而 5G 相比传统宽带和 4G，具有高带宽、低时延的特点，非常好地契合了云游戏的网络传输需求。

更重要的是，5G 时代还大量引入多接入边缘计算（Multi-access Edge Computing，MEC）这一网络架构。它的基本思路是将云计算的一部分能力，由“集中”的机房迁移到网络接入的边缘，从而创造出一个具备高性能、低时延与高带宽的电信服务环境，加速网络中各项内容、服务及应用的反应速度，让消费者享受不间断的高质量网络体验。利用这一技术，在 5G 时代可以将游戏画面渲染服务和进行核心计算的服务器分开部署，从而大大缩短了布置在边缘网络的渲染服务器传送画面到用户终端的距离，同时也进一步降低了时延，优化了用户的体验。当 5G 覆盖更多城市和乡村时，边缘计算中心的分布将会越来越广，可以让更多人随时随地享受云游戏。

3. 产业基础和发展趋势

在云游戏商业化领域，OnLive 于 2010 年 3 月推出了世界上第一个商用的云游戏服务，此后越来越多的国内外厂家进入这一领域，开始云游戏技术和商业化的初步探索。英伟达在 2013 年推出了自己的云游戏服务 GeForceNow，并在试运行 4 年后的 2017 年开始正式商用。

此后，通信服务商开始入场，东方明珠、歌华有线，以及中国移动、中国联通、中国电信三大电信运营商纷纷在 2014 年左右推出了自己的云游戏服务。之后，国内云计算领域的先行者阿里巴巴和华为也在 2014 年和 2015 年先后进入这一领域，做出了自己的云游戏服务方案。

近年，谷歌、腾讯、网易、微软、苹果等公司陆续推出了云游戏服务。5G 时代，无论是服务端的计算技术还是网络传输端的传输技术，都已进入支撑云游戏发展的黄金时期，这也正是各个优秀的互联网公司都开始着眼布局这一领域的根本原因。

首先是 GPU 虚拟化方案正在不断完善。到 2019 年为止，其方案成本已经下降到了单个数万元一套的合理价位，如果考虑 3 ～5 年的运营时长，这样的方案成本并非不可接受。

其次是骨干核心网络的建设。《2018 年中国宽带发展白皮书》显示，中国的固定宽带普及率已经超过 80%，其中固定宽带接入速率为 50Mbit/s 及以上的用户比例超过 80%，这一数字证明中国的骨干网建设已经非常成熟，核心网络的通信基础已经搭建完成。

最后是 5G 技术的快速发展。5G 所提供的边缘计算能力配合 5G 高带宽、低时延的特点使其成为将云游戏带入寻常百姓家的最好载体。随着 5G 商用牌照的发放，困扰云游戏行业的“最后一公里”难题也将逐步得到解决。

4.2.5 垂直行业融合应用

在 5G 环境下，结合 AR/VR/MR、人工智能、大数据、物联网等技术，还需要积极与垂直行业跨界融合，针对不同行业的业务和应用场景开展泛视频或高新视频交互应用开发与设计。

1. 智慧监控

在安防监控领域，视频监控已逐步成为重要的安防手段。随着视频画面清晰度的提高，目前安防监控系统已从“看得见”到“看得清”。伴随 5G 网络技术的应用，结合高新视频及人工智能、大数据、物联网技术，安防监控将逐步改造升级。部分特定节点需要由“看得清”迈向“看得懂”，衍生为智慧监控。智慧监控依据特定的应用场景需求，采集并传输超高清视频监控内容，通过对视频画面及辅助信息进行分析，对目标事件的特征进行识别定位并形成反馈，然后根据需要形成决策建议。

目前，智慧监控主要应用于智慧家庭、公共安全、交通监控三大场景。在智慧家庭中，支持发展基于超高清视频的人脸识别、行为识别、目标分类等人工智能算法，实现智慧家居监控、消防预警、家庭防盗。在公共安全中，物联网加 AI 的智能安防，可凭借传感器、边缘端超高清摄像头等设备完成智能判断，实现智能识别、环境监控与预警、关键基础设施安全保护。在交通监控中，主要将高新视频监控和智能感知、数据分析相结合，通过与交管局加强合作，实现 5G 网络智慧交通监控、指挥调度和智慧出行。除以上单个应用场景，实际还存在多种场景需求共存的情况。

在技术层面，智慧监控涉及超高清视频采集传输、图像分析识别与事件决策响应等技术应用。基于 4K/8K 超高清画面的信息量呈现，监控画面可实现更清晰、更真实的还原场景，从而通过人工智能技术对监控内容进行更为准确的智能分析。但超高清视频所产生的海量数据对网络传输带宽提出了更高的要求，而 5G 技术则为超高清监控视频内容提供了良好的承载力，助力视频监控从

“看得清”迈向“看得懂”。网络架构方面，5G 网络采用云网协同、C/U 分离的架构，其核心网采用服务化方式实现，冗余的资源可以用于移动边缘计算的实现。网络服务方面，5G 网络通过面向 eMMB（Enhanced Mobile Broadband，增强移动宽带）、mMTC（Massive Machine Type Communication，大规模机器类型通信）和 URLLC（Ultra-reliable and Low Latency Communications，高可靠和低时延通信）3 种网络需求场景，以网络切片方式提供虚拟化的业务承载，可以同时保证低时延、高带宽、海量连接的综合网络支撑。无线移动性方面，5G 网络支持高达每小时 500 千米的移动速率，可以有效支撑区域内无人机等高速移动设备的网络连接。

在广电网络方面，贵州、山东、河北、陕西、甘肃、天津等地的广电网络已经参与了当地的“平安城市”“天网工程”和“雪亮工程”项目，利用有线网络参与城市监控工作，这为智慧监控的转型升级奠定了应用基础。结合人工智能等先进技术，广电有线网络可以更密集地布点监控、升级安防监控系统，开展面向“智慧城市”的智慧监控服务，提升监控范围、识别效率及准确率，打造一批智能超高清安防监控应用试点。此外，由于目前大量监控视频数据仍然是独立、零散的，且大量视频数据仍以人工搜索为主，政府之间跨部门、跨区域的联网共享应用仍然较少。因此，广电下一步应不断加强与公安、交通部门的合作，专注于业务整合和数据分析处理的大数据技术，从而补充广电的业务范畴、加速高新视频在智慧监控领域的规模化应用。

2. 智慧教育

智慧教育是指依托于 4K/8K、VR/AR 虚拟现实、3D 影像等高新视频，并结合 AI 人工智能、云计算、大数据等新一代信息技术，打造的智能化、感知化、物联化的沉浸互动式教育信息生态系统。伴随新兴技术的应用，智慧教育正在引发教育行业的变革，教育信息化 2.0 正是因此而来。

智慧教育的核心重点是融合新兴技术创造更多更新的教育教学应用场景。基于高新视频，5G 环境下智慧教育主要应用于远程互动教学、虚拟现实教育、人工智能教育教学、校园智能管理四大应用场景。5G 网络可以保证教学数据的实时传输，实现超高清网络远程直播教学；而且在高新视频与 VR 技术相结合的基础上，清晰度大幅提升的 VR 视频将赋能场景化大屏教育交互模式，带来更真实、震撼的视觉沉浸感。基于此，再结合 AR、裸眼 3D 等技术，还可实现全程同步的沉浸式互动体验，实现互动性更强的融合虚拟现实 VR、增强现实 AR 等场景化学习技术，从而进一步提升超高清教育应用的深度和广度。

融合 AI、物联网、大数据、云计算等技术后，智慧教育能提供全方位数据采集和更加优化的算法模型，从而快速完成更高精度、更多维度的实时在线分析，提供量身定制化的在线教育产品及最优学习路径，还可建立超高清视频资源库，集中优秀教师资源，加速高质量教育资源的普及。

基于 5G 网络超宽带、超低时延、超高可靠性、广域连接的特性，智慧教育将更加智能化、交互化。目前，VR 教学全景视频正在逐步向 4K 甚至 8K 提升，传输带宽需求提升到了 100Mbit/s，同时要求网络传输时延不超过 15ms。一方面，5G 网络技术可以保证智慧教育中交互显示终端设备，信号传输及处理终端设备完美再现 4K 画面，有效提升超高清远程直播的沉浸式互动体验，包括更高的分辨率、更高的帧率、更大的视场角等。另一方面，借助 5G eMBB 增强移动宽带和 uRLLC 高可靠、低时延通信的支持，同时受益于 4K/8K 超高清视频、虚拟与增强现实技术、AI 等新技术的引入，新一代远程互动教学实现了超清视频的沉浸式互动学习、AR 虚拟课堂、远程 AR 实验与协作、全景课堂录播与直播等创新应用。同时借助 5G 网络切片技术、边缘计算、云计算、物联网和大数据应用，新一代的云教育资源与管理平台将支持远程互动教学，实现多种教学体系资源共享，可以更好地辅助学生学习、老师教学及校园管理。

未来，“5G+ 高新视频”将推进智慧教育产业迎来全新的发展阶段。现已有企事业单位、高校和科研机构正联手布局 5G 智慧教育，推进新兴技术在智慧教育领域中的融合及深度应用，更好地赋能智慧教育。

3. 智慧医疗

依据 5G 高速率、大连接、低时延等特点，通过 8K 超高清视频技术和超高精细的显示画面，结合 AI、大数据、物联网等先进技术，智慧医疗可实现医疗机构实时查看超高清图像，为病灶的数据分析和处理提供有利条件，从而提高就诊率、手术成功率，让患者通过网络就能解决就医问题。

目前，智慧医疗主要应用于远程医疗应用场景及院内应用场景。远程医疗场景主要应用于远程会诊、远程手术及远程示教。借助 5G 网络可邀请业内权威专家和机构进行远程的医学资料共享，对患者进行多方会诊治疗，为患者提供最准确和最佳的治疗方案。这一场景还可通过 8K 显微技术，为远程手术（如内视镜手术等）提供更为真实和细腻的画面支持，实时展现人体内复杂的结构和神经网络，极大地提高了手术成功率。此外，还可下载医疗平台上的上传资料（如影像报告、血样分析报告、电子病历等），再通过 8K 显示设备为医生展示。这样一来，医疗机构就能够为基层医生提供远程指导与帮助。而院内应用场景主要包括智慧导诊、移动医护、智慧院区管理、AI 辅助诊疗等。

高清晰度视听技术和高可靠、低时延网络传输技术，是智慧医疗业务开展所需的基础技术支撑。基于 5G 网络高速率、低时延的特性，结合超高清、三维建模和大数据等技术，能稳定支持 4K/8K 的远程高清影像的高速传输及渲染显示，以及院内医学影像数据的传输与共享，帮助医生随时随地掌控手术进程和病人情况，实现跨地域远程会诊、远程精准手术操控或指导。

同时，结合人工智能、大数据、物联网技术，可实现对更多智能终端影像数据的收集，以及对庞大影像医学数据的智能检测、分析。此外，AR/MR 技术赋能远程医疗还可传输高清音视频、超媒体病历、急救线路和大屏公告等。

作为智慧医疗中的重要应用场景，远程医疗早前受制于网络宽带和时延，在原有网络环境下很难实现。但随着 5G 技术的应用，已经可以实现超高清晰度、低时延的医学影像资料的实时传输，这加快了远程医疗应用模式的创新，已经在远程会诊及远程手术方面完成落地。

2018 年 7 月，中国联通、阿里云等展示的 5G+8K 远程会诊解决方案，通过专业级 8K 摄像机拍摄患者眼部，将实时编码的 8K 视频通过 5G 网络跨省专线传输并异地推送，由异地医院的专家基于 8K 超高清视频为患者进行了远程会诊。2019 年 3 月，业内又成功完成全国首例基于 5G 的远程帕金森病“脑起搏器”植入手术：位于海南的神经外科专家通过观看 5G 网络实时传送来的北京 301 医院视频画面，为手术执行提供全程指导。

在 5G 智慧医疗生态下，未来还可实现全方位感知患者情况，通过相关设备、系统和流程，做到实时感知、测量、捕获和传递患者影像数据信息。其中，以智能穿戴设备大规模使用为基础，运用大数据、云存储、MEC、人工智能等技术进行健康管理的移动医疗正在成为大趋势。

4.3 5G NR 广播

当前，移动互联网已成为信息传播的主要渠道，传统广播电视的传播方式和手段亟待升级，如何实现广播电视“移动通”“人人通”“终端通”成为一项重大研究课题。

由于移动通信网络的内容是以单播方式分发的，随着 4K/8K 和 VR/AR 等高质量视听内容消费需求的快速增长，CDN 流量的压力越来越大。而在 5G 时代，如果能够利用通信频段采用广播的形式来传输视听节目，将大大节省带宽，释放频谱资源，因此各国运营商都在积极探索 5G 频段进行广播服务。

而对于中国广电来说，自 5G 牌照发放以来，就一直在探索自身的 5G 差异化发展之路，希望在避免与三大电信运营商同质化竞争的同时，真正将广播电视的优势发挥出来。5G NR 广播被看作是中国广电差异化发展的一个突破口，也是 5G 商用非常重要的业务场景之一。

4.3.1 5G NR 广播概念

1. 5G广播演进

在 3G 时代，国际移动通信标准研究组织 3GPP 就制定了移动广播的标准，其中 R9 是 LTE 广播的第一个版本。

到 5G 时代，3GPP R16 版本（5G 系统 - 阶段 2）中增加了基于广播大塔的

5G 广播技术，以通过 5G 广播技术，实现广播大塔大范围信号覆盖，弥补 5G 通信技术点对点传输的短板。与传统广播相比，5G 广播可以通过广播和单播融合传输来提供无缝覆盖，通过部署大塔可以大大降低室外覆盖成本，而单播可以提供室内覆盖并实现交互式用户体验。同时，5G 广播通过统一的传输协议提供了足够的灵活性来支持不同格式的节目源。5G 广播支持无 SIM 卡接入，即用户无须预先订阅网络即可以接收广播信号，即免流量收看广播电视节目，如图 4-4 所示。

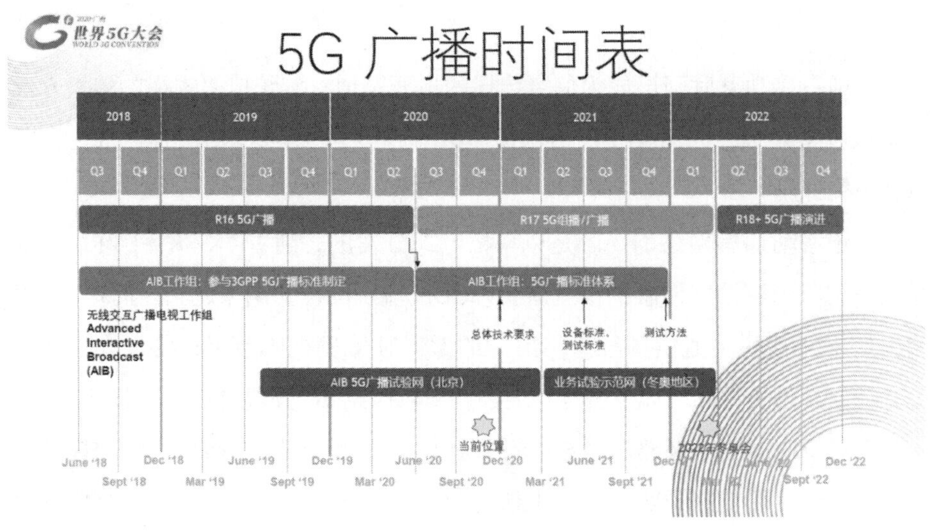

图 4-4　5G 广播时间表

3GPP 5G 广播标准制定组聚集了众多广播运营商和研究机构，由美国高通公司牵头，包括诺基亚、三星、欧广联（EBU）、英国广播公司（BBC）、美国 Dish 公司（卫星电视运营商）、上海交通大学、国家广播电视总局广播电视科学研究院等 20 余家企业和研究机构。中国广电于 2018 年正式加入 3GPP。

在 2019 年，3GPP 启动了 R17 版本的制订工作，并立项基于 NR 的 5G 广播课题研究，包括 SA 组的 FS_5MBS 与 RAN 组的 NR_MBS，在系统架构提升、混合广播等方面持续推进 5G 广播技术发展。

R16 的 5G 广播和 R17 的 5G 广播应用场景是不一样的。如图 4-5 所示，R16 是基于广播大塔的 5G 广播技术实现大范围信号覆盖，进而弥补 5G 通信技术点对点传输的短板。R17 的 5G 广播是小塔广播方案，基于移动通信的基站的灵活覆盖，可以提供临时性的广播电视服务，用户在体育场馆、演出现场等热点区域，使用手机 App，直接接收运营商小塔（基站）发出的 5G 广播电视无线信号，可以实时收听、收看赛事、活动及演出。R17 比较适合与移动通信运营商开展一些比较灵活的业务，其主要的作用是对流量的汇聚和优化。

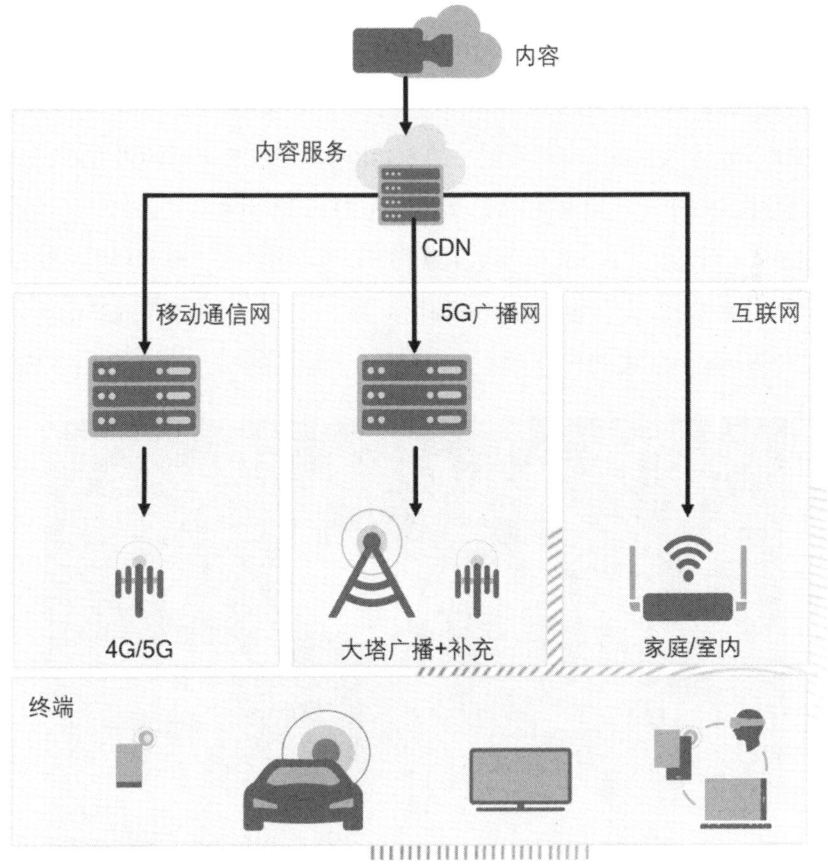

图 4-5　5G 广播之“大塔 + 基站”的协同组网

2. 中国广电在5G广播标准的参与情况

中国广电选择的是 NR 大小塔混合模式，由两种发射方式构成：一种是基于 5G 蜂窝基站的广播信号，主要是通过与中国移动共建共享的 48 万个 5G 基站来传输广播信号；另一种则是通过广播电视发射塔传输广播信号，主要以中央发射塔为主，大塔发射 5G 广播信号便能实现即使用户手机没有 SIM 卡也能接收到广播信号。在 2020 年 9 月，中国广电向 3GPP 全会提案，牵头提出了 5G 广播应用场景，明确在 R17 MBS 技术中支持广播服务（“5G NR MBS 支持广播服务”提案），并获得了 3GPP 全会支持。2020 年 12 月，中国广电作为项目牵头人提交了针对 5G NR MBS 多播广播服务的 5G 系统架构增强项目提案，获得了全会审议通过。

2021 年 6 月，中国广电牵头提出的 5G 组播广播在 R18 的演进方向获得了全会审议通过，3GPP 已明确 5G 组播广播将作为 R18 版本的重要功能特性持续演进。

如图 4-6 所示，5G NR 广播是承载在 5G SA 网络上，充分利用移动蜂窝网络优势的广播技术，与传统广播业务相比，具备移动性、精准定向等优势，将广播电视业务从家庭扩展到智能手机上，实现电视业务的“人人通”和“移动通”。

图 4-6　5G NR 广播技术

4.3.2　5G NR 广播应用场景

中国广电认为，5G NR 广播可支持的业务形态更加丰富，是未来发展的方向，不仅能提供传统电视频道广播服务，还可提供新型交互式视频广播服务以及融合信息广播服务。

1. 传统电视频道广播服务

5 G NR 广播可在广域内实现传统电视广播服务，在移动智能终端上进行单向线性直播，可基于广播电视发射塔、5G 蜂窝基站实现广域融合覆盖。

目前，在智能手机端，传统广播电视的内容多以第三方 App 合作形式进行推送，没有固定的播出渠道。而 5G NR 广播可以实现广播电视内容向移动终端的广域覆盖，并可进一步支持点播内容和其他高价值内容的传输。

2. 新型交互式视频广播服务

这是 5G 广播的最主要的业务形态。基于 5G 蜂窝基站，智能化地对热点视频内容进行蜂窝广播服务，提供电视频道直播、游戏电竞 / 演唱会等内容的交互式全种类视频广播服务，包括互联网直播、音视频点播及 4K/8K、AR/VR 视频服务。这可满足用户个性化、交互化、多样化的视频服务需求。

3. 融合多媒体信息广播服务

除满足个人视听体验新需求外，5G NR 广播还支持公共安全、应急交互广播、V2X 车联网、物联网等新型多媒体信息类广播应用，提高全网信息传输性能与应用服务能力，有效拓展新型广播业务，促进广播电视网络的转型升级，提升广电网络的可持续发展和规模化变现能力。

以应急广播为例，应急广播是指在面临突发公共事件（自然灾害、事故灾难、公共卫生事件和社会安全事件）时，通过广播技术向公众传递紧急信息服务的一种应急手段。应急广播作为一种快捷的信息传输通道与平台，可以在第一时间把灾害消息或灾害预警信息传达给民众，让人们在第一时间知晓险情，并获得撤离、避险指导，将生命财产损失降到最低。5G NR 广播可以在灾害发生时精准推送救灾信息、电子地图等有用信息。

4.3.3 5G NR 广播商用进展

2020 年以来，中国广电通过协调已联合华为、中兴、中国信科、诺基亚、爱立信等厂商开展了多次 5G NR 广播试验，实现了对于商用 5G 手机、CPE 及 TUE+ 机顶盒等场景的原型试验系统验证，如图 4-7 所示。

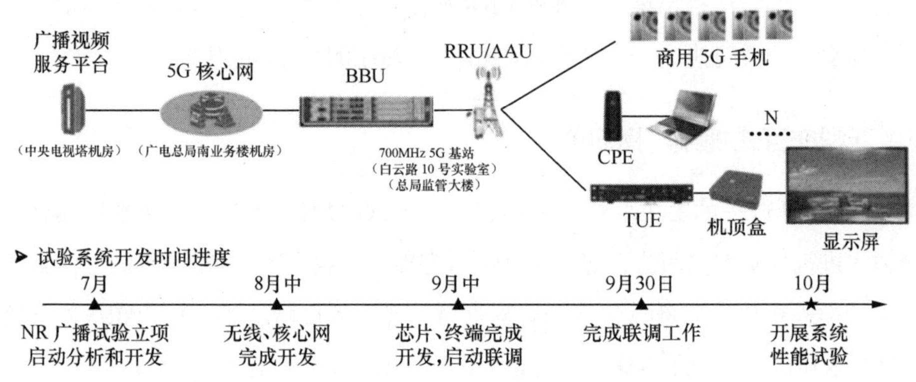

图 4-7　中国广电 5G NR 广播实验

在 5G 广播组网架构方面，中国广电正建立新的“中国广电融合服务平台”。该平台未来可作为 5G 广播的综合业务平台，为用户提供多样化的新型 5G 广播服务，进一步推进有线、无线、卫星传输网络的互联互通和智能协同覆盖，如图 4-8 所示。

此外，中国广电已经开发了“中国广电 5G NR 广播”测试版 App，多次在相关通信展会上亮相。在中国广电 5G NR 广播 App 中，可以接收到 CCTV1、BTV1 的电视节目以及 360 度、VR 多视角的视频流，如图 4-9 所示。

2021 年 11 月 8 日至 10 日，在国家广电总局科技司指导下，中国广电基于全新 5G NR 广播技术顺利完成了“相约北京”冰球场地测试赛的场内多视角直播、全景 VR 视频直播等新型广播服务验证工作，这也是全球首个 5G NR 广播技术在商用场景下的系统能力验证，对后续加速产业链成熟和全场景业态创新具有重要意义。

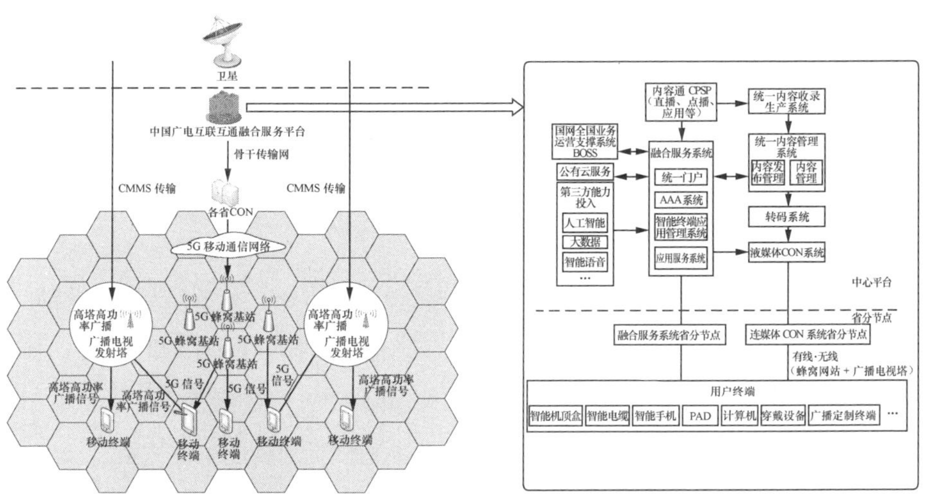

➢ 5G 广播网络以移动蜂窝基站和广播电视发射塔协同发展、联合覆盖，面向全国 5G 移动网络用户以及全国有线电视网络提供有线无线融合、大屏小屏联动的全终端、全场景、全内容融合的全新流媒体 5G 广播服务

➢ 中国广电融合服务平台可作为 5G 广播的综合业务平台，为用户提供多样化的新型 5G 广播服务，进一步推进有线、无线、卫星传输网络的互联互通和智能协同覆盖

图 4-8　中国广电 5G 广播组网架构

图 4-9　中国广电 5G NR 广播 App 截图

4.4 5G 专网业务

5G 专网通信是指通过建设安全可靠的无线服务的专业网络，为特定的部门或群体（如政府与公共安全等行业）提供应急通信、指挥调度、日常工作通信等服务。基于网业融合、按需服务及开放性网络架构，5G 运营商可以利用 5G 网络切片及 5G+MEC 的技术能力，为各行各业提供针对性的解决方案，从而赋能各行各业，推动行业智能化发展。

4.4.1 工信部积极推动 5G 专网应用

5G 专用网络是使用 5G 技术创建的具有统一连接性、优化服务和特定区域内安全通信方式的专用网络，结合 5G 通信自身具备的低时延、高速率和广连接三大特征，5G 专网实现了信息安全性、网络专有性及可靠性等特点，完善了专网带宽低、时延长、安全性相对较差等弊端。

目前三大电信运营商都在积极利用边缘计算、网络切片与各行各业合作建设虚拟 5G 专网，与工业互联网、交通、能源、医院等行业打造典型应用场景。比如中国移动发布了 34 个 5G 典型应用案例，涉及 10 个行业，涵盖智慧园区、智慧矿山、智慧银行、智慧工厂等；中国联通发布了 33 个 5G 典型应用案例，涉及 16 个行业，涵盖电子设备制造业、装备制造业、钢铁业、采矿业、农业等。

如图 4-10 所示，2021 年 4 月 30 日，工信部发布《5G 应用“扬帆”行动计划（2021—2023 年）》（征求意见稿），提出“到 2023 年，建成超过 3 000 个 5G 行业虚拟专网”。在该计划中，提到了 15 类应用重点领域。

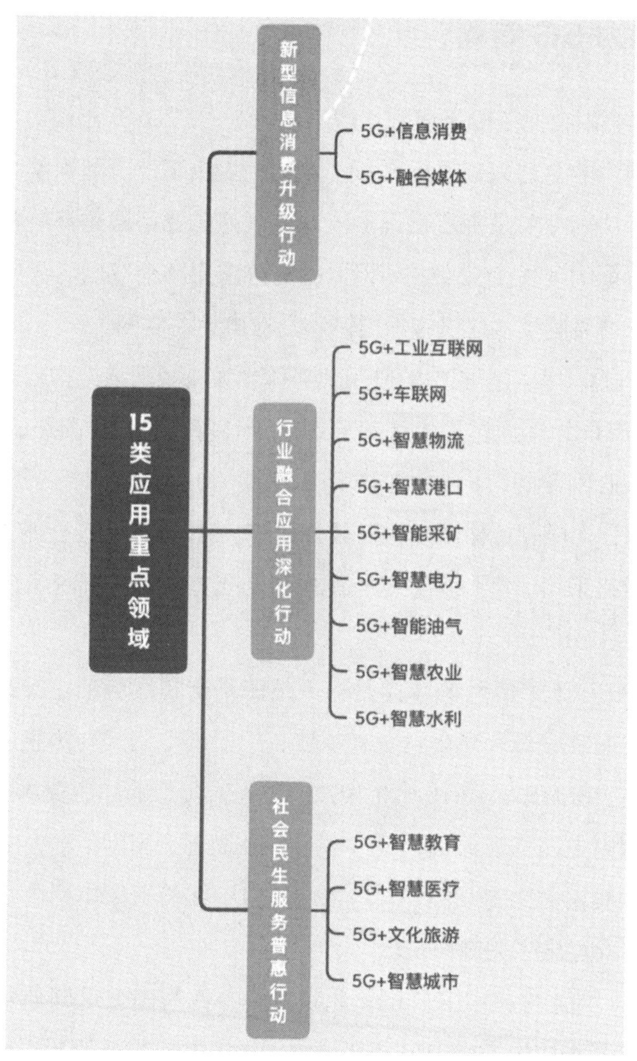

图 4-10　5G 应用“扬帆”行动计划重点领域

而对于中国广电来说，5G 专网业务起步晚，底子薄。因此，在参考三大电信运营商的专网应用案例之外，中国广电需要将 700MHz 的频率特点、广电独有的资源优势与重点垂直行业应用场景和需求深度结合，才能把 5G 专网业务做出特色和成绩。以下是广电 5G 在部分垂直领域的应用参考。

4.4.2 电力 5G 专网

国家电网有限公司（以下简称“国家电网”）在 2019 年初对“建设世界一流能源互联网企业”的战略目标进行了深化，提出了“三型两网、世界一流”的战略目标。“三型”是指所建设的能源互联网企业必然是具有枢纽型、平台型、共享型特征的现代企业。“两网”指充分应用移动互联、人工智能等现代信息技术和先进通信技术建设智能电网和泛在电力物联网。

5G 在电网这一垂直行业中的应用优势体现为新型网络架构带来的网络切片和 MEC 等专有能力。通过引入边缘云、边缘计算，提供本地的闭环控制，降低业务端到核心网侧的时延；“5G+ 网络切片 +MEC”可实现一网多能，同时承载多种业务，网随业务需求变化。具体而言，5G 在电网巡检能力、配电网状态监测、大数据采集、准负荷控制、配电自动化等应用方面都可以助国家电网一臂之力。

而广电 5G 与国家电网的合作是有天然的基础和优势的。2020 年 10 月 12 日，中国广电网络股份有限公司正式揭牌，中国广电正式与国家电网签约，在中国广电网络股份有限公司 10 120 107.20 万元人民币的注册资本中，国家电网全资子公司国家电网信息通信产业集团（以下简称“国网信通”）认缴出资金额 100 亿元，股权占比为 9.8813%。各地广电网络与国家电网公司的业务合作和应用探索因此迈出了关键一步。

2020 年 11 月 4 日，中国广电、北京歌华有线与国家电网信息通信产业集团成功完成了基于广电 700MHz 频段的电力 5G CPE 终端的初步接入测试。本次测试基于中国广电前期建设的 5G 试验网，终端利用 700MHz 频段的 5G NR 接入华为 5G 基站，并通过注册、鉴权等操作接入中国广电北京试验核心网，实现对公网和内网资源的高速访问。这标志着广电 700MHz 频段 5G 网络已初步具备 5G+ 电网行业应用能力。

2020 年 12 月 3 日，河北广电网络集团与国网冀北电力有限公司在北京签署合作协议，双方将依托资源、技术和渠道优势开展合作，共同围绕 5G 建设及 700MHz 频段组网技术在电力行业的应用进行探索，依托河北广电网络建设完成冬奥会张家口赛区 10 个 5G 基站和承载网，在共同规划网络、研究 5G 组网模式、基础资源共享、探索业务场景、共享建设成果等方面进一步深化沟通协作，提升 2022 年冬奥会服务保障水平，加快推进张家口可再生能源示范区建设，更好地服务冀北地区经济社会发展。

典型案例：陕西广电 700MHz 5G 网络落地安康电力

2019 年 9 月，陕西广电网络携手国家电网安康分公司启动了 5G 网络在电力行业应用的探索。截至 2020 年 11 月底，广电 5G 已经在安康市电力体系开通了包括办公区域、变电站、配电站等 3 个不同类型的场所应用，实现了基于广电 5G 的多媒体调度指挥、VR 全景视频等系统，实现了电力单兵指挥头盔、智能眼镜、智能手表及 IMS 智能话机等设备与电力控制台、调度指挥平台的无障碍实时高清视频通信和信息交互，以及高清视频会议、多部门协同突发状况应急解决。同时，通过 5G 网络，还能够实现人工智能场景识别，安全隐患自动拍照发送，工单派送指令在头盔、蓝牙手表端显示等，解决了跨网络 5G 终端的安全认证问题。

针对该项目，在核心网层面，5GC 控制面和用户面 UPF（Ultraviolet Protection Factor，紫外线防护系数）部署在区域 DC 机房，用于垂直行业业务验证。本次在 DC 机房部署一套 NFVI（NFV Infrastructure，网络功能虚拟化基础设施）云资源池，是基于虚拟资源层软件 TECS 构建 5GC。同时还部署一套 MANO（Management and Orchestration，管理自动化及网络编排）、EMS 运维管理软件，实现网络功能的自动编排、部署及网络运维。在无线网层面，综合考虑容量和覆盖性能，室内采用 3.3GHz 微站覆盖，室外采用 700MHz（后续 700MHz+4.9GHz）宏站覆盖，如图 4-11 所示。

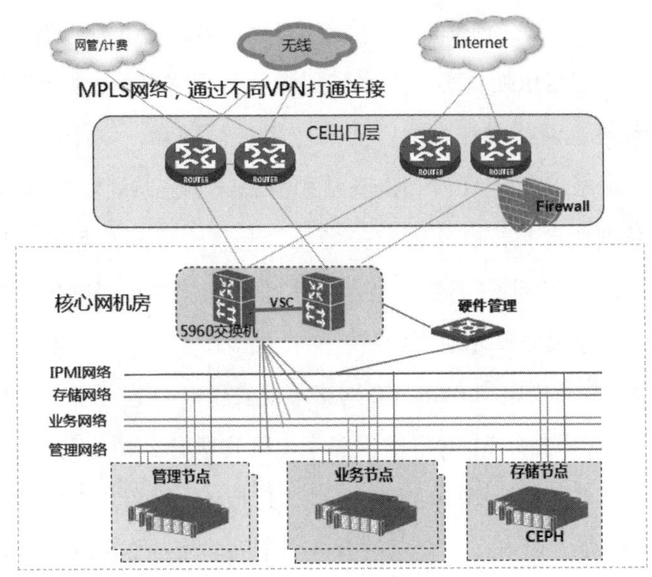

图 4-11　陕西广电 5G 电力专网架构

广电 5G 专网通过赋能电力信息通信，解决了如下问题。

（1）跨网络物理隔离互通问题。700MHz 网络无信号覆盖区域保持业务平滑呼转，通过其他运营商网络与电力专网的语音、视频和数据的物理隔离安全互通。

（2）北斗短报文整合问题。无通信运营商网络的情况下，可通过北斗短报文与电力专网终端保持消息联系。

（3）跨网络基于实际应用的 uRLLC（超低时延）、mMTC（超大连接数）场景研究。

（4）eMBB 高清可视化应用，赋能安全装备效率提升。

在此基础上，陕西广电网络还将携手电力、相关研发单位进一步优化电力 5G 单兵指挥装置与专网供电服务指挥中心、调度指挥平台的实时高清视频协同应用，在电力配电网络 5G 超低时延保护等其他领域实现新的突破，通过广电 5G 更好赋能电力行业安全生产，如图 4-12 所示。

图 4-12　陕西广电 5G 电力专网供电服务指挥中心

4.4.3　5G 智慧海事

近年来，随着国家海洋战略的推进发展，海洋领域对信息技术的需求更加迫切，特别是在海上安全管理、应急救助等海事通信方面，覆盖更远、速率更高的技术需求日益迫切。中国广电拥有的 700MHz 5G 黄金频段，具有绕射能力强、传播特性好、覆盖范围大、深度覆盖能力强、建网成本低等优势，在港口、海域等大面积网络覆盖领域优势明显。

典型案例 1：山东广电与董家口海事局顺利完成超远距离海上 5G 覆盖测试

2020 年 12 月 24 日，中国广电山东公司与董家口海事局在前期战略合作的基础上，顺利完成董家口港第二锚地（距海岸 38km）超远距离海上 5G（700MHz）覆盖测试，刷新了 2020 年 7 月山东广电的 18km 海上超远距离覆盖纪录。

董家口港作为新建的北方大港，拥有世界最大的 40 万吨级矿石码头、30 万吨原油码头和液化天然气（LNG）码头，是国家大宗散货集散中心和重要的能源储运中心，年吞吐量 1.1 亿吨，且地处青岛、日照重要渔业作业区，通航环境复杂，信息化监管手段需求迫切。长期以来，董家口海事局一致致力于积极推动新技术在海事管理、搜救应急等领域的广泛应用。此前，中国广电山东公司和董家口海事局在 2020 年 6 月达成战略合作协议，后者提供研发所需的实测平台，前者利用华为 5G 技术赋能海事业务，共同推进 5G 近海超远距离覆盖技术的研发。合作以来，双方通过广电 5G 承载“远程海巡”“云登轮”等海事创新监督手段，开展海上实测工作，并于 2020 年 12 月 24 日完成距海岸 38km 超远距离海上 5G 覆盖首测。

未来，双方将共同探索在海事管理、海上搜救、港口航运、海上旅游等相关领域的5G新技术、新业务、新应用，进一步提升智能化、快速化和便利化，助力科教兴国和海洋强国战略发展。

典型案例 2：中广有线 5G 海洋超远覆盖达 118km

2021 年 2 月 3 日，中广有线（舟山）公司和华为联合团队顺利完成距海岸 75km 超远距离海上 5G 覆盖测试，并在 55km 处进行了海陆 VoNR 视频通话，视频流畅、语音清晰，充分验证了广电 5G 的能力。2021 年 2 月 7 日，中广有线（舟山）公司和华为联合团队进行第二次拉远测试，广电 5G（700MHz）超远距离海上信号覆盖在普陀桃花对峙山周边海域测试成功，实测 118km，创造了国内海面超远距离信号覆盖的纪录。

广电 5G（700MHz）项目作为智慧海洋示范应用项目组成部分，于 2020 年 12 月正式启动。该项目主要是为了解决北斗卫星技术服务单一、资费昂贵等问题，拓展海洋通信业务，推进信息技术与海洋经济深度融合。

目前广电 5G 已经实现秀山东锚地、马峙锚地、虾峙门锚地及条帚门锚地等 4 个锚地的无线覆盖，实现锚地加油船只实时视频监控、超远距离信号回传及数据控制中心现场调试等 5G 创新应用。

下一步，中广有线将联合华为拓展更多业务场景，在无人岛全景视频监控、海上可视化监管、锚地生产经营监管、渔船进出口检查、海洋全域网络覆盖等多个领域尝试应用，为数字经济在海洋领域的发展奠定坚实基础。

4.4.4 5G 融媒体

随着媒体融合不断向纵深发展，融媒体中心成为非常重要的一环。融媒体是一个把广播、电视、互联网的优势互为整合、互为利用，使其功能、价值得以全面提升的一种运作模式。5G 技术拥有高速、大容量、低时延、多接入点四大优势，将推动媒体内容生产方式发生前所未有的革新，新闻发布将更快、更近、更真实。

在生产环节，媒体行业对于无线通信技术有着天然的需求，“到得了，拍得着，传得回”是电视节目，特别是新闻报道的重要诉求。5G 网络可以有效打破现有制播体系中对于信号采集、编辑制作、播出分发和终端收视各个环节的物理地点限制，将固定时间、固定地点的预约生产模式，转变为任意时间、任意地点的自由工作方式。

在媒体播出环节，5G 网络的大带宽、低时延特性还特别适合于超高清等高带宽业务的传输分发，基于 5G 网络的新闻直播、移动制作、VR 推送、大屏小屏互动式观看等业务很可能成为主流模式。5G 带来的移动化浪潮将会把媒体生产和传播格局带入新一轮发展时期，全面实现规模化的超高清节目采集制播、传输分发和节目供给。

中国广电有着天然的媒体属性，并多次公开表示将立足视频，赋能全新视听应用。因此，中国广电 5G 必然要做大、做强、做优融合媒体主业，推进全媒体服务、个性化服务、精准服务，催生融媒体服务新业态，赋能媒体内容业态升级与创新层面。

典型案例：中央电视台总台 5G+4K/8K 制播平台

2020 年 6 月，紧密围绕中央广播电视总台的“5G+4K/8K+AI”目标，充分利用 5G、AI 等新技术手段，由中央广播电视总台牵头，中国移动通信有限公司、华为技术有限公司、国家广播电视总局广播电视规划院、广东省超高清创新中心、北京数码视讯科技股份有限公司参与，建设中央广播电视总台北京总部和上海传媒港 4K/8K 制播系统，并围绕节目制播需求建设 5G 网络，扩大超高清节目制播和分发能力，项目总投资 4.19 亿元。

项目采用室外宏站覆盖结合室分的建设方式，建设覆盖中央广播电视总台光华路办公区、复兴路办公区、上海传媒港的 5G 专网，包含室外、演播室、会议室、贵宾厅、办公区、重要走廊等多个区域，总面积超过 10 万平方米，并完成与台内网络的安全对接，助力台内人员通过 5G 网络实现媒体资产的处理。

项目在中央广播电视总台光华路办公区、复兴路办公区、上海传媒港各建设一套边缘计算平台，平台包括基础系统、存储系统、5G 分流系统（含 UPF）及存储数据库，在部署大容量存储的基础上，根据视频编辑和处理的具体需求再部署 GPU 等硬件来加速图形处理，从而实现 4K/8K 超高清视频的制作和播出。

项目将打造一套网络切片运营管理平台，作为中国移动对总台网络切片业务的门户网站，支撑总台超高清制播方面的网络切片需求，实现 5G 网络端到端的切片，保障超高清视频传输的稳定性、安全性和可靠性，并建设网络切片所必需的通信服务管理功能和网络切片管理功能，作为网络切片的底层能力支撑。

4.5 5G 趋势展望

根据移动通信发展规律，接下来的 10 年将是 5G 发展的黄金 10 年。中国广电能否抓住 5G 发展机遇实现超越，需要时间来验证，但是 5G 的技术、应用、商业模式一定会不断推进。

4.5.1 5G 即将迎来关键发展期

有业内人士认为，5G 的普及还需要很长一段时间：一方面，目前 5G 的爆款应用还没有出现，导致用户侧感知不到 5G 带来的变化；另一方面，5G 建设投资大，运营商需要时间来研究 5G 商业模式。但是，5G 适应数字社会、智慧社会的发展需求，是要更深入地连接物理社会与数字社会。从这个意义上看，在个人移动市场期待所谓爆款应用是不现实的。

在短短几年间，我国 5G 在标准、关键技术、创新应用等方面都取得了非常瞩目的成绩。5G 发展的关键在于拓展产业互联网市场。行业应用的成熟，既与网络能力、终端和系统产品的成熟度有关，又受行业信息化水平、商用模式等诸多因素影响，要求更高、更为复杂，与消费级应用相比，需要进行更长时间的探索。

但总体而言，未来两三年，我国 5G 商用发展仍处于有利时机，政策红利仍将持续，企业投资意愿依然高涨，行业客户对 5G 的接受程度将逐渐提高。四大运营商都在充分把握这一机遇，加快 5G 网络建设、应用创新、技术支撑、产业发展，支撑 5G 整体全面升级，真正成为新型基础设施的中坚力量，推动人工智能、大数据、云计算等新一代信息技术向各行各业渗透，产生更多的新产品、新业务、新服务，促进数字经济全面发展。

4.5.2 5G 网络加速覆盖

未来两三年，我国 5G 网络建设持续推进。目前 5G 网络建设已进入规模部署阶段，这阶段将逐渐从网络的广覆盖过渡到室内深覆盖和热点覆盖，主要目标是覆盖全国的城市、县城和主要城镇，尤其是不断加强室内覆盖。5G 从开始商用到进入深度覆盖期，一般需要三四年。

2021 年，运营商已经将建设重心完全放在 5G 网络，部分城市已经实现 5G 连续覆盖。从建设策略上来看，未来两三年，运营商将以发展垂直行业市场为契机，进一步开拓行业应用市场，采取面向消费者和面向行业的网络建设并重的策略，对有需求的行业将进行重点覆盖。同时，运营商也将进一步深化 5G 专网的建设，完善行业解决方案，通过核心网用户面下沉、MEC 等技术，结合独立组网的部署，进一步满足行业用户对安全性、可靠性、低时延的需求。

4.5.3 消费级应用进入成长期

从移动通信发展历程看，网络建设和用户、应用的发展紧密相关，三者之间不是平行发展的，而是呈现网络、用户、应用次第发展的关系。从消费级市场看，应用的爆发式增长会落后于网络的规模建设和用户的规模增长。

在 3G 时期，我国运营商于 2009 年开始大规模建网，2010 年微信应用在市场上出现，到 2012 年微信大规模应用，日活用户上亿人。在 4G 时期，我国运营商从 2014 年开始规模建网，到 2016 年短视频业务才进入大众视野，直到 2018 年年中短视频应用开始规模爆发，抖音用户数超过 1.5 亿。

我国 3G/4G 的消费级应用创新都是基于智能手机这一成熟的终端平台，5G

消费级应用的拓展或将引入新的终端平台，这基于 VR/AR 终端、云终端和泛终端的成熟发展。预计具有 5G 特性的消费级创新应用可能会在 2023—2025 年规模增长。

4.5.4 行业应用仍将处于导入期

5G 行业应用规模增长期预计将在 2023 年出现。与消费级应用相比，行业应用开发门槛高、复杂性强、定制化程度高、企业决策时间长，要寻找到可大规模商用和复制推广的应用。

回顾 NB-IoT 的发展历程，从 2017 年 NB-IoT 开始商用到 2020 年 NB-IoT 终端连接数突破 1 亿，经历了 3 年时间。5G 比 NB-IoT 更为复杂，导入时间也会更长。

2021—2023 年仍将是 5G 行业应用的导入期，行业应用将分批次逐步落地商用。2021—2022 年，预计基于超高清视频的直播与监控、智能识别等应用将率先落地，如 4K/8K 超高清直播、高清视频安防监控、基于机器视觉的 5G 质量检测、5G 远程实时会诊、移动执法等；行业的通用应用如 AGV 小车、智慧矿山、智慧港口开始进入局部复制阶段。基于云边协同的沉浸式体验，基于低时延、高可靠的远程控制类应用还处于储备阶段，将在未来 2 ～5 年内陆续成熟。5G 应用将呈现从外围环节向行业核心领域扩展的趋势。以工业物联网为例，5G 等技术在工厂内的应用正逐步从质量检测、产线巡检等外围环节向协同制造等核心环节扩展。5G 逐步成为新旧动能转换的重要驱动力量。

同时，5G 还会加速人工智能、大数据、云计算等新一代信息技术向各行各业的渗透速度。5G 应用带来的不仅仅是与 5G 连接的终端，更为重要的是海量数据将通过 5G 网络上传到云端，通过大数据、人工智能等技术处理，形成数据资产，甚至成为生产的关键要素，作为企业生产、销售、决策的重要依据。目前大部分 5G 应用都已经与各类 ICT 技术相结合，形成解决方案。未来，车联网增强技术、超高可靠低时延通信、毫米波技术、5G 高精度定位技术、虚拟专网技术（网络分流、网络切片、边缘计算等）与 5G 技术深度融合将进一步升级改造各行各业。

4.5.5 6G 与卫星

为了更好地推动万物互联和智能化应用，6G 相关研发工作也开始提上日程。

2019 年 11 月 3 日，科技部会同国家发展和改革委员会、教育部、工业和信息化部、中科院、自然科学基金委在北京组织召开6G技术研发工作启动会，成立国家 6G 技术研发推进工作组和总体专家组，推动第六代移动通信（6G）技术研发工作，相信在 6G 远景、6G 场景、6G 性能、6G 关键技术（太赫兹无线通信技术等）方面将会有进一步的规划。

6G 的到来，将会是怎样一番景象呢？有业内专家指出：6G 会在地面通信的基础上，加上卫星的通信，全面形成低轨卫星互联网 + 地面移动通信互联网的地空模式，实现更加广阔的网络覆盖，形成更加立体泛在的智能统一网络。

对于中国广电而言，通过 5 ～10 年的 5G 建设和耕耘，将逐步形成移动通信技术和人才体系，打造更为成熟健康的业务，在 6G 发展中拥有更广阔的前景。

PART

第 5 章

迈进广电 5G 新时代

本章概要

在广电行业获得 5G 牌照并瞄准众多新业务积极开展网络与业务平台建设等工作之时，我们要如何展望 5G 新时代？

在智慧社会初现而广电 5G 未露端倪的时候，广电的政策制定者为自身绘制了什么样的蓝图？在广电获得 5G 牌照之后，广电行业又提出了什么样的规划？

最重要的是，广电运营商在正式踏上“广电 + 通信”之前，在新旧交替、5G 重塑自我以及审视和明确自身的定位之时，不可忘却初心。或者说，广电运营商在成为数字经济下的现代型综合信息服务商之时，不能忘记自身的文化服务商角色，并结合广电 5G 网络优势与数字时代文化发展特征，更好地满足人们不断发展的文化生活需求。

5.1 打造智慧广电网络

5.1.1 “智慧广电”概念

在过去若干年的转型升级发展过程中，广电行业很早就提出了“智慧广电”概念。这一概念，最早是 2015 年 3 月由原国家新闻出版广电总局副局长聂辰席在 CCBN 期间提出的，并涵盖“平台智能化”“生产智能化”和“传播智能化”3 方面内容。

1. 平台智能化

在媒体融合发展的进程中，由智能化平台主导媒体生态的特征越来越明显。广播影视要从广电专网向互联互通的 IT 架构转变，从单纯的“内容制作机构”升级为内容制作、运营、分发的智能化平台。

2. 生产智能化

推进广播影视“采、编、播、存、用”流程集约化、数字化、智能化改造，兼顾多种业务形态、多种传输网络、多种服务模式、多种终端制式和跨网联动、多屏互动需求。实现开放协同、弹性高效、安全绿色的全流程网络化、智能化生产，以及开发、融合、协同的可持续创新；兼顾传统媒体与新媒体的终端特点，利用大数据分析，开发适应数字生活需要的智慧产品。

3. 传播智能化

智慧媒体，不仅能使受众获得信息，还能通过对信息的筛选分析进行重新组合，并将准确信息传递给特定人，为人们提供有效、即时、个性化的信息服务。广播影视要改变“重发端不重收端、重覆盖不重受众”的现象，真正以受众为本，充分利用数据分析、情景感知等先进技术及社交媒体手段，在统一用户数据和内容数据管理的基础上，形成“随需而变”的转播方式，提供精准化内容，满足人们个性化需求。

5.1.2 智慧广电核心政策与体系解构

1. 智慧广电核心政策

2018 年 11 月 16 日，国家广电总局印发《关于促进智慧广电发展的指导意见》（以下简称《智慧广电指导意见》）。该文件要求，“以深化广播电视与新一代信息技术融合创新为重点，推动广播电视从数字化网络化向智慧化发展，推动广播电视又一轮重大技术革新与转型升级，从功能业务型向创新服务型转变，开发新业态、提供新服务、激发新动能、引导新供给、拉动新消费，为数字中国、智慧城市、乡村振兴和数字经济发展提供有力支撑，让广电业务在新时代获得新拓展，提供新动能”。该文件从发展理念、内容生产体系、节目制播体系、传播体系、安全与监管体系、科技创新体系和生态体系 7 个方面明确了智慧广电发展的重点任务。

在发展理念方面，《智慧广电指导意见》要求，牢牢把握数字中国、数字经济、乡村振兴、媒体融合等发展大势，进一步强化广播电视智慧化发展的高度自觉，努力将广电自身发展融入国家经济社会发展大局。该文件在“智慧广电生态体系”的“共建共享与多元共治”方面要求：加强智慧广电与智慧社会、宽带中国、数字经济、信息消费、乡村振兴等国家战略的统筹规划、有效衔接，积极推动广播电视与政务、商务、教育、医疗、旅游、金融、农业、环保等相关行业的业务合作、业态创新和服务升级，加快广播电视与物联网、车联网、移动互联网等新兴网络业态的集成创新、协同服务。

2020 年 10 月中，国家广播电视总局下发《国家广播电视总局关于推动新时代广播电视播出机构做强做优的意见》（以下简称《广电做优做强意见》）。该文件在“打造新型传播平台，建设新型主流媒体”工作方面，要求把握“智慧广电”发展方向，加快“广播电视服务升级”。具体工作体现在两个方面：一是链接“政府资源、社会资源、生产资源、生活资源”；二是落地层面把握“数字文化、在线消费、在线教育、在线医疗、智慧管理等方面的迭代升级”趋势，培育新产品、新业态、新模式。上述提法充分描述了“智慧广电”在政用、民用、商用领域的广泛发展空间，为各地广电机构发展指出核心发展路径。这些提法与前述“智慧广电指导意见”也是一致的。

2. 解构智慧广电体系

综合上述政策，智慧广电体系包括如下 8 个板块[1]。

（1）智慧内容生产

内容生产机构应用大数据、云计算和人工智能等新技术，在需求分析、节目选题、拍摄制作、媒资管理、融合播出等流程中，以算法为核心、以数据为驱动构建的智慧化制播体系，从而实现技术升级，推动内容创新、流程再造、提高生产效率。

（2）智慧内容传播

基于“5G+ABCDE”等先进技术，构建高速、泛在、智慧、安全的新型综合广播电视传播覆盖体系和用户服务体系，通过用户端和网络系统的数据采集，实现用户需求、体验效果、网络资源和运行状态的全方位感知，借助用

1　参考国家广播电视总局广播电视规划院副院长冯景锋的《智慧广电思考与实践》，发布于2021年10月27日第八届中国广播电视紫金论坛。

户、业务、平台系统的多维数据，利用数据算法实现系统资源的智能集约调配，实现内容的融合传播，以优化提升业务体验。

必须强调的是，县级融媒体中心建设正是上述智慧内容生产与智慧内容传播的重要内容。对此，《智慧广电指导意见》在智慧广电节目制播体系中强调：推动县级融媒体中心建设，“充分发挥和利用广播电视的行业优势、整体力量和层级特征，加强对县级融媒体中心建设的统筹规划和标准支撑……着力解决基层媒体资源重复分散问题”。考虑到全国共有 2 850 多个县（市、区、旗），在这么大的体量下，针对地域范围内县级媒体融合中心的省级支撑平台建设成为极具战略价值的工作。从具体实践来看，各地省级有线网络运营商都积极参与到该省级支撑平台的建设与运营之中，典型代表如陕西广电网络的“秦岭云”、广西广电网络的“广电云”，如图 5-1 所示。

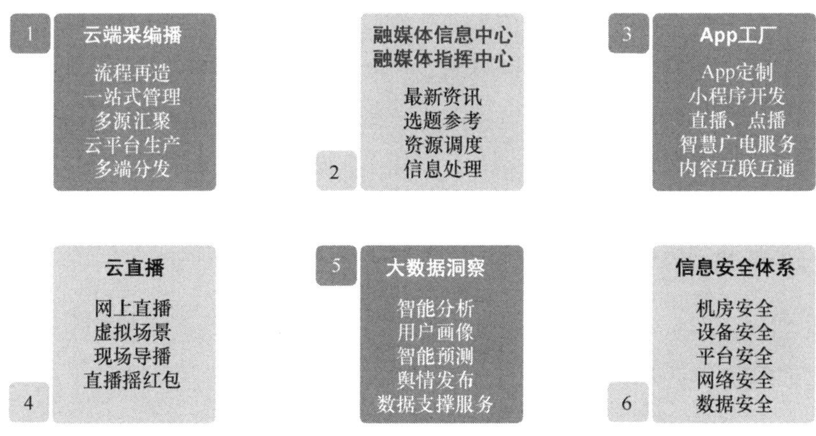

图 5-1　广西“广电云”核心能力

（3）智慧服务供给

基于“广电 +5G+ABCDE”新技术体系，建立以用户为中心的智慧服务体系，通过聚合广电视听类服务、融媒体类服务和综合类服务等多业态，服务面向家庭、面向党政、面向民生和面向商业等多种场景，更好地满足新时代人民群众精神文化生活需求，更好地服务党和国家。显然，智慧服务必须与数字经济、乡村振兴、新型城镇化等国家战略相结合。

在广电行业，智慧服务供给还有优化公共服务的需求。《广播电视和网络视听“十四五”发展规划》要求推动广播电视公共服务优化升级，实现智慧广电“人人通”，其中包括：“全面对接乡村振兴、强边固边、新型城镇化建设等重大战略和部署，扎实推进基本公共服务均等化”；“推动优质资源向基层下沉、向乡村覆盖”，“增强少数民族语言节目制作、译制和传播能力，加强涉农节目供给，强化特殊人群基本公共服务保障”。该规划还专门设有“智慧广电固边工程”“智慧广电乡村（城镇）工程”“老少边及欠发达地区县级应急广播体系建设工程”和“民族地区有线高清交互数字电视机顶盒推广普及项目”。

（4）智慧安全保障

该保障主要面向智慧广电内容生产、融合传播和媒体服务等业务流程，通过感知、学习、预测、决策、协同应对等方式，建立主动、动态、自适应的智慧化安全防御体系，完善广播电视安全管理体制机制，持续推动网络安全等级保护建设，做到事前安全检查与防护，事中应急处置，事后审计分析与整改。

（5）智慧生态体系

智慧生态体系包括产业制造生态、服务生态和生态系统管理 3 个有机组成单元。广播机构及利益相关方通过共同构建以产业制造生态为基础、服务生态为支撑、生态系统管理为保障的生态格局，推动广播电视和网络视听管理体制、运行机制、经营模式、服务方式及生态的整体创新和优化升级。

对此，《智慧广电指导意见》要求“推动开放合作与共同发展”，具体是：“充分发挥市场在资源配置中的决定性作用，探索跨区域、跨行业、跨平台资源整合的运行方式，鼓励借助社会力量加强智慧广电的技术研发和市场开拓能力”。相应的，《广电做优做强意见》对广电企业的市场化机制体制改革提出了需求，该文件明确要求：“打造市场主体……加快构建有文化特色的现代企业制度，建立完善灵活高效的市场化经营机制”。

（6）智慧监测监管

建立健全基于统一云平台架构、智慧化的全国广播电视和网络视听监测监管体系。着重加强全方位资源共享、事前预测、事后评估，形成智慧感知、智慧研判和应急处置 3 要素相互支撑、相互作用的运行机制。

（7）智慧引擎

目前大数据战略还对行业的智慧引擎发展提出需求。在数据治理体系层面，通过构建规范化的数据共享机制，按照“数据要素标准化、数据归集智能化、数据权限规范化、数据资产服务化、数据服务价值化、数据安全体系化”的总体要求，紧密结合业务发展需要，以“业务数据化、数据业务化”为演进路线，不断提升数据全生命周期的规范化、集约化、标准化水平。在智慧算法层面，基于数理统计、机器学习、自然语言处理等领域的基础算法，结合行业级多源、多维数据资源，形成具有广电行业特色的节目审核、内容推荐、能力评估、效果评价等应用算法，并通过算法评价体系，以主流价值导向为指导，推动算法持续演进升级。

这方面，《广播电视和网络视听“十四五”发展规划》针对当下设立“广播电视和网络视听节目收视综合评价大数据系统升级”项目和“智慧广电大数据共享融合应用工程”，并要求“加快推动广电数据资源高效汇聚、协同开发和合理利用，构建以数据为关键要素、以创新为主要引领的广电大数据应用体系。”

当然，随着“广电 +5G”融合深度的不断提升，智慧广电的内涵和范围也将不断深化与延伸，并为广电运营商提供广阔的发展空间。

5.1.3 国家“十四五”规划中智慧广电相关内容

2021 年 3 月，《中华人民共和国国民经济和社会发展第十四个五年规划和 2035 年远景目标纲要》（以下简称“十四五”规划纲要）公布。完善应急广播体系，实施智慧广电固边工程和乡村工程，加快提升超高清电视节目制播能力，推进电视频道高清化改造，推进沉浸式视频、云转播应用等被纳入“十四五”规划纲要。以下主要描述智慧广电固边工程、智慧广电乡村工程及应急广播体系相关工作及案例。

1. 智慧广电固边工程及区域案例

国家“十四五”规划纲要明确提出“加强边疆地区建设，推进兴边富民、稳边固边”和“提升公共文化服务水平，推进智慧广电工程”的要求。固边工程目标是为边境地区党政军警民提供无所不在、无时不在的智慧广电服务，更好地满足边境人民群众和边防官兵的文化生活及综合信息需求，有力维护边疆和谐稳定。在此背景下，各地广电网络公司也纷纷主动谋划，积极争取地方智慧广电固边工程项目。以下是部分地区案例。

典型案例 1：广西智慧广电固边工程。2021 年 7 月 28 日，广西智慧广电固边工程试点项目在南宁、东兴、龙州三地同步启动，试点建设主要内容包括广播电视基础设施建设和赋能应用两大方面，进一步完善边境地区农村智慧广电基础设施，建设智慧广电公共服务管理平台和边防部队专用文化信息服务平台。

典型案例 2：甘肃省肃北县智慧广电固边工程。按照 2021 年 8 月确定的甘肃肃北县智慧广电固边工程项目总体方案，中国广电甘肃公司要积极配合相关部门，按照国家广电总局智慧广电固边工程实施方案要求，积极采纳吸收会议意见和建议，立足肃北县和马鬃山实际情况，形成涵盖“一张网、两平台”的肃北县智慧广电固边工程项目总体方案，为下一步编制该项目的可研报告和初步设计打好基础。

甘肃肃北智慧广电固边工程项目建设主要内容包括：新建和改造包括马鬃山在内的肃北全县广播电视传输网络，有线电视网络实施双向提升改造；对有线电视网络未通达地区配备新一代直播卫星双模机顶盒；依托甘肃广电基础云平台和承载网络，整合肃北县现有政府信息化业务平台；在县融媒体中心建设智慧广电公共服务管理平台；在马鬃山镇新建智慧广电公共服务管理分平台，预留上下左右内外联通的接口，支持和加强优秀民族节目和民族语广播电视节目的制作与译制，完成专用文化信息服务平台和信息专网建设；部署触摸屏、移动端等，实现大屏小屏同步呈现。

典型案例 3：云南沧源试点建设项目。2021 年 9 月初在云南，国家智慧广电固边工程沧源试点建设项目正式启动。智慧广电固边工程沧源试点将通过重点实施边境地区广播电视传输网络提升改造、智慧广电公共服务管理平台建设、专用文化信息服务平台建设三大任务，充分发挥广播电视平台、网络、技术、队伍等优势，有效解决边境地区乡村振兴、公共安全、疫情防控、基层治理和文化生活服务等面临的突出问题，促进智慧广电业务在信息发布、对外宣传、公共服务等方面的应用。

未来，随着广电 5G 的进一步推进，包括 5G 广播在内的特色应用将为固边工程提供更好的支撑服务。

2. 智慧广电乡村工程与案例

(1) 智慧电乡村相关政策

近两年，随着乡村振兴政策的推进，数字乡村也逐渐成为重要内容。数字乡村是伴随网络化、信息化和数字化在农业农村经济社会发展中的应用，以及农民现代信息技能的提高而内生的农业农村现代化发展和转型进程，既是乡村振兴的战略方向，也是建设数字中国的重要内容。必须强调，数字乡村是转变农业发展方式的重要手段，是精准扶贫的重要载体，加快发展以农产品、农业生产资料、休闲农业等为主要内容的农业电子商务，对于创新农产品流通方式、构建现代农业生产经营管理体系、促进农民收入增长特别是贫困地区农民收入较快增长、实现全面建成小康社会具有重要意义。“智慧乡村”可以说是对新农村建设的更高要求和标准。“智慧乡村”不仅是要建设一个“生产发展、生活宽裕、村容整洁、乡风文明、管理民主”的新农村，还要进一步破解当前城乡二元结构，释放农村发展潜力和活力。

2019 年 5 月，为贯彻落实《中共中央、国务院关于实施乡村振兴战略的意见》《乡村振兴战略规划（2018—2022 年）》和《国家信息化发展战略纲要》，中共中央办公厅、国务院办公厅印发了《数字乡村发展战略纲要》。2021 年 7 月，中央网信办秘书局、农业农村部办公厅、国家发展和改革委员会办公厅、工业和信息化部办公厅、科学技术部办公厅、国家市场监督管理总局办公厅、国家乡村振兴局综合司印发实施《数字乡村建设指南 1.0》，提出了数字乡村建设的总体参考架构，具体包括信息基础设施、公共支撑平台、乡村数字经济、智慧绿色乡村、乡村网络文化、乡村数字治理、信息惠民服务等。

支持乡村振兴战略一直是智慧广电的重要拓展方向，尤其是随着广电有线网络与 5G 的融合，智慧广电也必然为数字乡村建设提供更好的网络与应用赋能。

（2）吉视传媒"智慧乡村"案例

吉视传媒已建成了覆盖全省的智能光网络，实现城区网络覆盖率达 100%，乡镇覆盖率达 99% 以上，面向全省 862 万有线电视用户提供交互网络服务；面向全省各级政府、机关提供政务专网、政务外网服务；面向省内各企事业单位提供各类信息化服务。吉视传媒信息枢纽中心于 2016 年被省委网信办确定为"吉林省社会信息化枢纽中心"和"吉林省大数据云计算产业基地"，中心总面积为 10 万平方米，机房面积为 1.6 万平方米，内建阿里云、华为云等国内一流云计算平台。依托上述枢纽中心与大数据基地，吉视传媒将逐步建成服务人民生活和便捷政府工作的智慧型、服务型平台，致力于打通政府服务延伸到基层组织治理的最后一公里。

如图 5-2 所示，作为一个开放、智能、高集成度的综合信息服务平台，吉视传媒"智慧乡村"项目，充分利用现有传输网络，从数字电视机顶盒这一终端开始，推动各类信息的采集、处理、发布、传输和显示。同时，随着广电网络与 5G 网络的融合，平台可以逐步将服务扩展到手机、平板电脑等移动终端，并适时推出各类智能网关及终端产品，从而增强平台的业务承载能力。

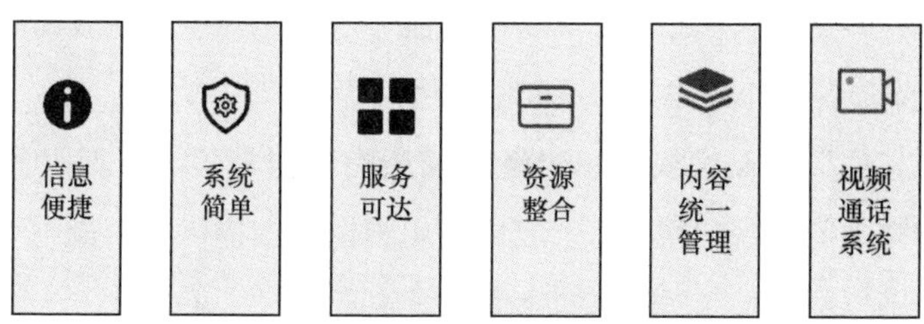

图 5-2 吉视传媒“智慧乡村”平台服务能力

以下是“智慧乡村”平台核心模块介绍。

“智慧党建”。该模块能让党员更方便地了解党建最新信息，并能加强党员自身学习，同时可以借助平台直播的能力，实现在电视端和手机端实时收看党课的功能。

“乡村风采”。该模块主要展示了本市、本社区的人文信息和地理风貌，而社区内的重要信息也可通过电视端传达到社区内的居民家里。同时居民也可以查询常用的办事指南等政务信息。

“智慧教育”。该模块为居民提供丰富的幼儿园、小学、初中教育资源内容，居民足不出户就可以享受优质的教育资源。本地学校还可通过该模块进行宣传，扩大影响力。

“平安乡村”。该模块的智慧安防监控系统一般通过在小区周边、重点部位与住户室内外安装摄像头，使居民通过电视端了解社区、乡村的整体情况，从而提高安全防范水平。该模块还可通过“法律讲堂”等对老百姓进行普法。

“乡村电商”。该模块作为局域线上商城，是与当地具备配送能力的供应商进行合作建立的。其具备平台内分享功能和平台外分享功能：一方面能够把订单需求发布到平台内，自动提醒同一区域内的其他用户，发出团购邀请；另一方面能够通过微信等方式进行分享。用户进入吉视传媒手机 App，在手机端进行拼团，设定成团人数并均分运费，之后线上商城便可随时进行配货配送。

该模块可以将乡村用户和城市用户进行区分并展示两种界面，农村用户优先看到大件产品，如电器、小家电、农机、化肥、农用工具、女性服饰等，城市用户优先看到农产品和小家电、床品、卫浴用品等。

“乡村文化”。该模块展示当地下辖所有乡村建设、自然风光、村屯文化、村民精神文明面貌的视频等。其中，电视图书馆提供了大量可以在线阅读的书籍，文化角展现了老百姓喜闻乐见的娱乐节目。

“智慧旅游”。该模块为社区、乡村居民提供翔实准确的旅游信息，不仅有国际、国内等旅游信息介绍，更包括本地出行的特色功能。

此外，智慧乡村还有“便民服务”“智慧医疗”等模块。

3. 应急广播体系

（1）应急广播相关政策与标准

全国应急广播体系是国家应急体系和国家公共服务体系的重要组成部分。2018 年 9 月，国家新闻出版广电总局向各省广电局及相关单位印发了《全国应急广播体系建设总体规划》。该规划遵循统筹规划、分级建设、安全可靠、快速高效、平战结合的基本原则，统筹利用现有广播电视资源，建设形成中央、省、市、县四级统一协调、上下贯通、可管可控、综合覆盖的全国应急广播体系，向城乡居民提供灾害预警应急广播和政务信息发布、政策宣讲服务。按照该规划，全国应急广播技术系统由国家、省、市、县四级组成，各级系统包括应急广播平台、广播电视频率频道播出系统、应急广播传输覆盖网、接收终端和效果监测评估系统 5 部分内容。2018 年 10 月，国家广播电视总局发布 11 项应急广播标准暂行文件。

2021 年 2 月，国家广播电视总局正式发布应急广播标准体系。该体系分为系统通用、传输覆盖、安全运行、效果监测四大类，共 28 项标准。其中，传输覆盖类标准覆盖了传输卫星、卫星直播、有线数字电视、地面数字电视、中波调幅、数字短波、模拟调频、应急广播大喇叭、数字音频、移动多媒体、IPTV

等传输通道。

（2）应急广播相关推进实践

在上述政策与标准推进过程中，各地广电局与有线运营商纷纷投入紧急广播服务之中。

典型案例 1：福建广电应急广播建设

2020 年 5 月，福建广电局确定从 3 方面加快推进应急广播体系建设。一是协同聚力。建立联合工作组，召开项目协调会、论证会等，进一步完善项目方案。二是精准发力。根据福建省自然环境特点和应急管理工作需要，将应急广播纳入全省疫情防控、防汛抗旱、抗灾减灾等应急信息播发的重要通道，积极开展地震信息预报系统试点工作等，提升应急响应和处置能力。三是终端助力。联合福建广电网络做好农村有线广播建设和设备管理维护工作，升级改造农村有线广播县、乡、村三级联播联控平台。加快科技创新，扎实推进智慧广电乡村工程和县级融媒体中心建设，提高应急广播调度的智能化水平。

2020 年，福建广电网络各分公司在原有“村村响”大喇叭运行维护的基础上对村级广播设施进行了大规模的升级改造，建设了 3 000 多个应急广播项目，保障了全省 11 725 个行政村共计 3 万多个“村村响”设备正常运行，有力支持了 2020 年新冠肺炎疫情防控工作。

2020 年 12 月 16 日，福建省广电网络系统应急广播建设现场推进会在南平市延平区举行。至此，福建省应急广播体系建设已明确了时间表和线路图，力争到 2024 年建设形成省、市、县、乡、村五级贯通。会议指出，福建各级政府要落实本地区应急广播体系建设的主体责任，各级广电、应急管理部门要加强指导管理，制定本行政区域应急信息发布和工作协调制度，广电网络集团要履行好农村应急广播建设运营维护的企业责任，各地要落实本级应急广播系统建设资金，确保应急广播体系建得好、管得好、用得好。

典型案例 2：浙江智慧广电助力应急管理

2020 年 11 月，浙江省广播电视局与省应急管理厅签署“智慧广电助力应急管理体系建设”战略合作协议，正式启动新一轮全省应急广播体系建设。新的体系将实现信息收集、日常监管、预警发布、辅助决策、指挥调度等“智慧应急”成效。在全省行政村实现应急广播终端全覆盖的基础上，力争通过 3 年努力，在全省灾害易发区、人员集聚区、避灾救灾场所、重要经济目标及毗邻区等重要区域实现应急广播终端全覆盖。

可以预计，未来随着广电有线网络与 5G 的融合，包括 5G 广播在内的新技术将更好地赋能应急广播体系。

4. 广西智慧乡村实践概述

广西广电“智慧乡村”实践结合公共服务优化、紧急广播、“数字农家书屋”、媒体内容等形式，可谓“智慧广电”实现乡村振兴的典型案例。

2020 年 4 月，《2020 年“壮美广西 • 智慧广电”工程建设实施方案》印发，广西广电局以公共服务处为核心的机构，在广西广播电视公共服务基础设施建设方面取得显著成绩。

2019—2020 年，广西智慧广电网络基础设施建设取得重大突破，实现全自治行政村广播电视光缆全联网，累计新建光缆线路总长 9.7 万公里，实现了全广西 14 335 个行政村的广电光缆联网，完成了 6.3 万个 35 户以上自然村的光缆联网，全自治区广播电视有线、无线、直播卫星覆盖率达到 99.9%。

2013—2020 年，广西累计建设完成 753 座乡镇级无线发射台站和 109 个村级无线发射台站，较好地解决了中央、自治区、市县广播电视节目农村覆盖问题。

2020 年，广西 34 个县区（含 9 个深度贫困县）实施并完成了应急广播体系建设，运用云计算、大数据、人工智能等新技术，实现了上下联动的应急广播“一张网”，在疫情防控和防汛抗旱中发挥了重要作用，取得了良好的社会效益。

依托有线电视网络，广西建成了数字网络图书馆，将 15 143 个农家书屋升级为“数字农家书屋”，丰富了农家书屋的内容和阅读方式。

通过智慧乡村“一村一屏”建设，推进媒体深度融合发展。截至 2020 年底，广西已建成 8 100 个行政村的智慧乡村“一村一屏”系统，覆盖全自治区一半以上的行政村，打造了广电服务农村社会治理、服务新时代文明实践中心建设的新平台。

开展智慧广电全媒体信息室试点工作。2020 年，广西 3 个县 300 多个村实施全媒体信息室建设，整合智慧广电内容和服务资源，集成电视频道、视听内容专区、电视图书馆、党员远教、视频会议、雪亮工程、政务服务等应用。

各市、县政府在智慧广电工程建设中，通过购买服务为全自治区建档立卡的贫困户，提供“广电云”免费安装和一至两年的基本服务费政府补助，帮助贫困群众同步享受智慧广电带来的精神文化服务。

5.2 广电 5G 新展望：文化服务本位彰显

5.2.1 新形势下广电运营商文化服务属性继续加强

按照中宣部 2020 年初下发的《全国有线电视网络整合发展实施方案》，要求“强化有线电视网络作为意识形态领域主渠道、主阵地的作用”，其行业整合目标是“形成一个多功能的国家数字文化传播网”，“建设兼具宣传文化和综合信息服务特色的可管可控、安全可靠的新型智慧融合网络”，“成为建设网络强国、数字中国的重要基础设施，成为推动数字经济的骨干力量”。在安全播出方面，上述方案要求“有线网与电信网、互联网既在物理上互联互通，又在逻辑上隔离可独立运行，打造从内容源头到用户家庭自主可控、可管理可溯源的安全网络”。

而国家广播电视总局 2021 年 10 月下发的《广播电视和网络视听“十四五”发展规划》要求：“有效发挥全国有线电视网络设施和广电 5G 网络在国家文化专网、国家文化大数据体系建设中的重要作用”。可见，广电 5G 牌照在推动有线运营商全国性整合并强化其综合信息服务商属性的同时，也在彰显其文化服务属性。

就当下而言，有线电视网络的文化服务属性主要体现在如下方面。

第一，有线电视网络不断优化公共文化服务，推进“有线无线卫星网络一体化”新格局。全国有线电视网络目前为全国大约 2 亿人提供电视服务，且不断推进公共文化传播的升级。值得注意的是，中国广电正在推动广电“有线无线卫星网络一体化”新格局，促进广播电视公共电视的统一管理、统筹协调和无缝覆盖。中国广电作为全国性运营和垂直化管理的实体机构，将积极推动直播卫星服务在基层农村的有效落实，并通过集约化和闭环化机制提升管理绩效。

第二，有线电视网络推动电视服务的高清化、超高清化与沉浸化体验，推进 TV 创新融合应用。随着有线网络的云化、光纤化和 IP 化改造，有线网络的电视传输能力不断增强。按照《中国广电“十四五”发展战略和 2035 年远景目标纲要》，中国广电将实现智能化生产运营、分发传播，形成无处不在、无缝切换、可管可控的全流程数字网络。积极推动融合媒体业务创新发展，采用“人机交互新设计 + 大小屏结合 + 新技术整合 + 终端优化”的策略，创新 TV 大屏与移动小屏的业务协同模式，提供超高清 4K/8K、虚拟 / 增强现实 VR/AR 等 TV 新业态，满足人们不断增长的文化服务需求。其中在高清化与超高清化方面，截至 2020 年底，全国有线电视网络承载高清电视频道 750 个，4K 超高清频道 6 个，全国有线电视高清用户超过 1 亿户。

第三，广电 5G 将大大加强文化传播的移动化和智能化，实现全类型场景覆盖。有线运营商除了通过 App 推进大小屏协同之外，更重要的是，广电 5G NR 广播将大大推动文化传播落地服务的移动化和智能化。广电 5G NR 广播可以采用单播、组播及广播的方式，利用移动蜂窝基站和广播电视发射塔协同组网的方式，向智能终端提供新型交互化的视频广播服务和融合信息服务，由此实现动态且无缝的切换单播或广播服务。在终端方面，广电 5G NR 广播可以支持电视、手机、平板电脑、穿戴设备、汽车中控台等全类型终端。

由此，广电 5G NR 广播作为典型融合性应用将实现城市楼宇、移动交通、偏远户外等全类型场景的融合覆盖，真正做到“终端通”“人人通”，极大地拓展广播电视受众范围和服务业态。预计中国广电将建立统一的运营平台（涵盖内容、播控及运营三大平台），不断丰富广播产品（含 5G 频道、应急广播、特定场景专属 App 等）以优化用户体验。

第四，有线网络运营商将持续大力推进国家媒体融合战略落地。媒体融合平台建设是当下媒体融合战略落地实施的关键举措。在此方面，各地省级有线网络运营商在媒体云平台方面积累了大量建设运营能力与经验，又具备省（区）、市、县、乡、村五级贯通的网络到达能力。因此，各地省级有线网络运营商纷纷参与县级媒体融合中心省级支撑平台的建设与运营。

例如，2019 年，陕西广电网络“秦岭云”融媒体省级技术平台部署完成，年底前完成全省 107 个县区融媒体中心平台上线，并大力推动融媒体进社区。陕西广电网络以“平台统一、覆盖广泛、功能多元、服务高效”为原则，以“一朵云、一张网、多厨房”为目标，构建“一体统筹、上下联动、协同互通、资源共享”的全新媒体生态，建成“秦岭云融媒体电视系统”“融媒体广播系统”“中央厨房系统”，开通上线“爱”系列移动客户端，实现陕西省县级全覆盖。该融媒体平台上线后，可以为陕西各级媒体机构和党委政府提供新闻信息发布、内容资源共享等全方位能力支持，打造“新闻 + 政务 + 服务”生态，推进陕西省媒体融合创新。在融媒体平台支撑下，“爱”系列聚合了行业要闻资讯、在线电视广播、直播等多元传媒形式，并与陕西省政务服务“一网通办”平台深度对接，同步上线公安、社保、民政、工商等 37 项基础政务服务项目。“爱”系列 App 将逐步打造成为县域生活移动端第一流量入口，抢占基层舆论主阵地。

未来，随着广电 5G 网络与应用的推进，在高速率与新的云网融合架构支撑下，有线网络运营商将在制播域和传播域为各地媒体融合提供更好的平台支撑。

第五，有线网络运营商配合教育部门，推动线上义务教育服务在大众家庭的落地，打造新型主流教育空间。作为连接千家万户的优质传输渠道，有线网络适应在线化、智能化发展趋势，配合教育部门积极推动义务教育工作在家庭场景的落地，维护主流教育的核心地位。

2020 年新冠肺炎疫情暴发以来，“停课不停学”成为教育机构、家长和学生的共同需求。各地有线网络运营商纷纷与地方教育机构联合，通过有线电视网络开展“空中课堂”等服务，将免费教育服务送到千家万户。

2021 年 1 月，教育部、国家发展和改革委员会、工业和信息化部、财政部和国家广播电视总局联合下发《关于大力加强中小学线上教育教学资源建设与应用的意见》（以下简称《意见》），要求“统筹利用网络和电视渠道，促进资源共享，渠道互补，覆盖全体学生”。可见，有线网络运营商打造的“空中课堂”电视服务，将成为中小学教育线上服务的重要阵地。加上教育部门打造的线上教育服务，两者共同构成在线义务教育“互联网 + 电视”双渠道，共同推动学校教育成为 K12 教育的主体。

第六，有线网络还积极推动党建工作在社区与基层的落地。例如，2019 年初，江苏有线基于智慧党建云平台在电视端和手机端为广大基层党员提供便捷的党建服务，提供党员干部与群众、党员与党员等多维互动。再如，2020 年底，在华数传媒支持下，“学习强国”平台电视端在杭州上线。

此外，各地有线电视运营商还通过“农家书屋”“电视图书馆”等业态，积极探索新型文化服务。

5.2.2 广电有线网络在文化大数据体系建设中承担关键作用

1. 文化大数据政策背景

近年来，随着国家数字经济的发展，相关文化发展政策也积极推动从文化数字化到文化大数据的发展进程。2020 年，《中共中央关于制定国民经济和社会发展第十四个五年规划和二〇三五年远景目标的建议》明确提出了两个“数字化”，即推进公共文化数字化建设和实施文化产业数字化战略。

（1）文化数字化政策推动文化数据沉淀

《国家“十二五”时期文化改革发展规划纲要》专设“文化数字化建设工程”，明确全面数字化发展需求。并且，2019 年 6 月的《文化产业促进法（草案征求意见稿）》和《国务院关于文化产业发展工作情况的报告》明确提出：推动文化资源数字化，分类采集梳理文化遗产数据，标注中华民族文化基因，建设文化大数据服务体系，将中华文化元素和标识融入内容创作生产、创意设计以及城乡规划建设、生态文明建设、制造强国、网络强国和数字中国建设。

在此过程中，宣传文化部门和文化机构在文化遗产及文化活动中都沉淀了大量文化数据。第一是全国性文化资源普查数据。例如，第一次全国可移动文物普查仅照片就达 5 000 万张，全国美术馆藏品普查仅图片就达 82 万多幅，全国古籍普查 654 多万册、数据达 67 万多条。再如，被誉为“文化长城”、耗时 30 年完成的《中国民族民间文艺集成志书》，共计 298 卷、400 册，约 4.5 亿字，收集相关资料逾 50 亿字（包括曲谱、图片），在此基础上形成了中国民族民间文艺基础资源数据库。第二是文化生产机构自建的数据库，包括报社、电台、电视台等在内的新闻单位自建的媒体资料库，出版社自建的数据库。第三，民间文化机构也积累了海量的数据。比如，由钱钟书先生 1984 年发起的“中国古典数字工程”，收录了远古至清代的全部文献，近 20 亿字，文献内容时间跨度约 6 500 年。该工程包括人名库、日历库、地名库、作品库等“四大库”和工具库、图片库、地图库、类书藏品库及书目数据汇编库等“五附加库”。

在另一方面，我国文化数字化与文化消费服务工作也呈现一定的分散乃至碎片化情形，同时在文化数字化之上的深层次科技融合创新也缺乏整体性和战略高度。

（2）文化大数据体系成为当下文化产业“新基建”

近年来，“新基建”政策包括大数据战略纷纷出台。尤其，2020 年 4 月中共中央、国务院印发的《关于构建更加完善的要素市场化配置体制机制的意见》，首次把数据要素纳入生产要求，强调了数据在社会生产中的重要性。随着信息经济发展，以大数据为代表的信息资源将向生产要素的形态演进，数据已和其他要素一起融入经济价值创造过程，对生产力发展产生广泛影响。可见，在现代信息社会条件下，数据的汇聚及有效利用将有助于其他生产要素的有效发挥。而加大算法和算力的支撑以及提高软硬件配套能力，可以让数据释放更多动力。“新基建”政策就是要建立国家级的数字化基站和平台。

与之相对应，文化产业“新基建”政策也逐步提上日程。早在 2019 年 8 月，科技部会同中央中宣部等 6 部门发布《关于促进文化和科技深度融合的指导意见》，在重点任务中提出全新顶层设计，其核心是：“建设物理分散、逻辑集中、政企互通、事企互联、数据共享、安全可信的文化大数据体系”。2020 年 5 月，中央文化体制改革和发展工作领导小组办公室发布《关于做好国家文化大数据体系建设工作通知》。该通知指出：“建设国家文化大数据体系是新时代文化建设的重大基础性工程，也是打通文化事业和文化产业、畅通文化生产和文化消费、融通文化和科技、贯通文化门类和业态，推动文化数字化成果走向网络化、智能化的重要举措。”这是监管部门第一次全局性、系统性地部署文化大数据工作。

2. 文化大数据体系核心内容与发展路线

总的来说，国家文化大数据体系从数据入手，覆盖文化大数据云平台、文化专网到文化服务端（线下服务机构）及数字化生产等在内的所有环节，充分体现了“数据”要素在全行业的渗透性和意义。

具体而言，对国家文化大数据体系主要包括如下 8 个方面。

（1）中国文化遗产标本库建设。将国家历次文物普查相关数据按照国家文化大数据标准，结构化存储于服务器，并通过有线电视网络实现全国联网。

（2）中华民族文化基因库建设。一期基因库建设以全国爱国主义教育示范基地为目标对象，分批次将各示范基地的陈列品、纪念碑（塔）、出版物、音视频等进行高精度数据采集，按照国家文化大数据体系统一标准进行结构化存储，并以历史事件、英烈人物、感人故事为线索，对数据进行专业化标注、关联，通过有线电视网络实现全国联网。

（3）中华文化素材库建设。以文化遗产数字化成果为对象，集成运用各种新技术，将已标注和关联的文化数据进行解构，萃取中华文化元素和标识，分门别类标签化，为内容创作生产、创意设计以及城乡规划建设、生态文明建设、制造强国、网络强国和数字中国建设提供素材。

（4）文化体验园建设。以旅游景区、游乐园、城市广场等为目标，建设具有一定空间规模的文化体验园，把地域文化、红色文化从博物馆和纪念馆“活化”到文化体验园，促进文化和旅游深度融合。

（5）文化体验馆建设。以城市购物中心、中小学幼儿园、公共文化机构、城市社区等为目标，建设技术含量高、传播力强的文化体验馆，使其成为爱国主义教育、文化传承传播、大众学习鉴赏的重要场所，推动红色文化、传统文化进社区、进校园、进商场。

（6）国家文化专网建设。依托全国有线电视网络设施，构建从数据采集、存储到数据标注、关联再到数据解构和重构全链条服务的新型基础设施，负责中国文化遗产标本库、中华民族文化基因库、中华文化素材库的数据存储、传输、安全保障，链接文化体验园、文化体验馆以及公共文化机构、旅游景区、城市购物中心、中小学幼儿园、家庭、社区等，建设“数据保真、创作严谨、互动有序、内容可控”的国家文化专网，实现线上线下一体化。

（7）国家文化大数据云平台建设。运用 5G、区块链、大数据、云计算、物联网等新技术，按照“物理分散、逻辑集中”原则，建设国家文化大数据体系的中枢系统和分级平台，汇聚文化大数据信息，为文化生产和文化消费的终端用户提供云服务。

（8）数字化文化生产线建设。鼓励出版社、影视公司、演出公司、设计公司等文化生产机构充分发挥内容创作生产优势，积极参与文化数据的标注及解构和重构，开发文化大数据，创作生产具有视觉冲击力和听觉亲和力的适应于现代化网络传播的文化体验产品，展现中国特色社会主义文化的魅力和风采。

而国家文化大数据体系的建设路线图则按照如下步骤实施。

第一步，形成国家文化专网，其实施主体为各地有线电视网络公司。

主要任务包括：依托现有网络设施，形成闭环系统；依托我国主导的国际标准，在国家文化专网部署提供标识编码的注册登记和解析服务的技术系统（以下简称“文化数据标识服务系统”）；完善结算支付功能，探索同国家文化专网实时交易相匹配的方式手段。

第二步，搭建“数据超市”，其实施主体是各文化产权交易机构。

主要任务包括：依托国家文化专网，搭建文化数据服务平台；改建或扩建交易系统，为文化资源数据和文化数字内容的确权、检索、匹配、交易和分发等提供专业化服务；为机构进入“数据超市”提供开户等专业化服务；集成同文化生产适配的各类应用工具和软件。

第三步，开展国家文化专网接入服务，其实施主体是各有线电视网络公司。

主要任务包括：依托现有网络设施，贯通文化机构的数据中心；为不具备单独设立数据中心的机构，提供数据存储等专业化服务。

第四步，全面梳理数据，其实施主体是各文化机构。

主要任务包括：全面梳理历次全国性文化资源普查积累的数据、新闻单位自建的媒体资料库及出版机构等自建的数据库；依托我国主导的国际标准，在各文化机构数据中心部署底层关联服务引擎和应用业务软件（以下简称“底层关联集成系统”）；根据联合国教科文组织文化统计框架，将文化资源数据和文化数字内容按照文化和自然遗产、表演和节庆、视觉艺术和手工艺、书籍和报刊、视听（音像）和交互媒体、设计和创意服务进行分类；依托专业化知识图谱，为文化资源数据和文化数字内容进行编目；对文化资源数据和文化数字内容的特征进行描述并标签化，形成关联数据；开放关联数据信息，并在“数据超市”可视化呈现，授权文化产权交易机构进行实时检索、匹配和交易；在“数据超市”检索、购买文化资源数据。

第五步，超大规模加工数据，其实施主体是各文化机构、文化科技机构。

主要任务包括：对文化资源数据进行专业化解构、关联，形成文化生产及再生产素材；对关联数据进行专业化重构，形成文化数字内容；按照场景化、沉浸式、交互式等需求对关联数据进行加工、呈现；按照文化数字化新要求，改造业务流程，实现数字化可持续发展。

第六步，多渠道分发文化数字内容，其实施主体是各有线电视网络公司。

主要任务包括：通过国家文化专网和电视机“大屏”，将文化数字内容分发到千家万户；对接互联网消费平台，将文化数字内容分发给移动终端“小屏”和交互式网络电视机“大屏”；通过国家文化专网，将文化数字内容分发到文化馆（站）、学校、书店等公共文化场所以及商场、景区、车站、码头、城市广场等公共场所。

第七步，“大水漫灌式”促进消费，其实施主体是各文化、教育机构，互联网公司，旅游公司等。

主要任务包括：对接国家文化专网，推动文化消费线上线下一体化、在线在场相结合；将文化消费数据通过国家文化专网，实时反馈文化数据服务平台，引导文化数字内容的创作生产。

总的来看，按照“物理分散、逻辑集中”原则建设国家文化大数据云平台，这一举措符合整个 TMT（Technology，Media，Telecom，科技，媒体，通信）领域的云化与分布式发展潮流相一致，有利于打破数据孤岛、实现互联互通的应用需求；其区分中枢系统和平台的原则有助于资源汇聚、管理和深层次数据加工。按照云计算体系，文化大数据云平台 IaaS 层、PasS 层和 SasS 层的进一步功能划分和设计非常关键；同时，结合文化数据生产与文化消费场景需求，设计规划最优的云、边、网、端融合架构，这也是整个文化大数据体系的核心任务。

在这其中，广电网络运营商作为“国家文化专网”实施主体，负责相关文化库的数据存储、传输和安全保障，并链接文化体验园、文化体验馆及公共文化机构、旅游景区、城市购物中心、中小学幼儿园、家庭、社区等线下文化服务设施与场景。广电网络运营商在其 5G 网络建设过程中，将适应当下云网融合趋势与云、边、网、端协同趋势，结合文化大数据与文化内容的生产、传输、消费等需求，为其提供最优的解决方案。同时，结合广电运营商“有线 + 无线”统筹协调的渠道影响力，广电运营商可以向大众提供大小屏有序互动、线上线下一体化的文化消费服务。

在具体推进方面，2020 年 11 月，广东、江苏、湖北、广西、贵州、陕西、新疆等地的 8 家省属广电网络企业获得国家文化大数据体系区域中心建设资质的授牌，并结合各地情况积极落实相关工作。

综上，不管是在公共电视文化阵地、义务教育阵地建设，还是在电视 / 视频高清化 / 沉浸式发展趋势以及新媒体移动化浪潮，以及国家媒体融合战略落实和文化大数据这一文化产业“新基建”建设发展中，广电运营商都发挥着极为重要的作用。未来，广电运营商深度推进“广电 +5G”融合之路的同时，将进一步结合数字社会背景下的文化发展需求，继续强化自身文化服务商的角色，推动我国社会主义文化繁荣兴盛。

5.3 广电 5G“十四五”规划

作为“全国一张网”以及“广电 +5G”融合发展战略的实施主体，中国广电在 2021 年秋季制定了《中国广电“十四五”发展战略纲要》（以下简称“中国广电战略纲要”）。该文件也是指导中国广电网络建设、业务经营和组织管理的重要依据，是管长远、管未来、管全局的纲领性文件。

5.3.1 中国广电企业使命与战略路径

1. 企业使命

中国广电战略纲要在“企业使命”中明确，中国广电坚持中央大型文化企业定位，践行“建设现代传播体系，巩固和扩大宣传文化主阵地，满足人民新需求，赋能数字中国建设”的使命担当：“一是……承担起巩固壮大宣传文化主阵地、提升公共文化服务水平的重要使命；二是聚焦政用、民用、商用领域，为人民群众提供随时随地更加丰富、优质、便捷的信息服务……三是加速推动有线电视网络转型升级，赋能地方广电产业繁荣、赋能社会各行业应用创新，承担起文化强国、网络强国和数字中国建设者的重要使命。”

显然，上述“聚焦政用、民用、商用领域”的提法与前述“智慧广电”政策是一致的，而“推动有线电视网络升级”“赋能地方广电”“赋能社会各行业”的使命，则是基于“5G+ 广电”的融合。

2. 战略路径

中国广电战略纲要还明确其战略实施路径是：建设新网络、重塑新内容、培育新业态、构筑新平台、搭建新体系。

其中，建设新网络，就是坚持“移动网络优先、有线网络补短”思路，以IP化、云化、智慧化、融合化为方向，加速完成有线电视网络改造升级；加快推进广电5G网络建设；加快广电网络与云计算、数据中心、边缘计算等融合，打造“连接 + 计算”泛在智能基础设施。

培育新业态，就是坚定不移地实施CBCH（内容 + 垂直行业 + 个人用户 + 智慧家庭）市场策略，以党政市场为主要拓展方向，紧紧抓牢“确定型行业应用”，积极探索“潜力型行业应用”，以智慧电网等为切入口，积极开展与电力、电商、物流等行业龙头企业战略合作，融入各类“共生经济体”，双向拓展产业合作渠道。图5-3所示为中国广电1359战略架构。

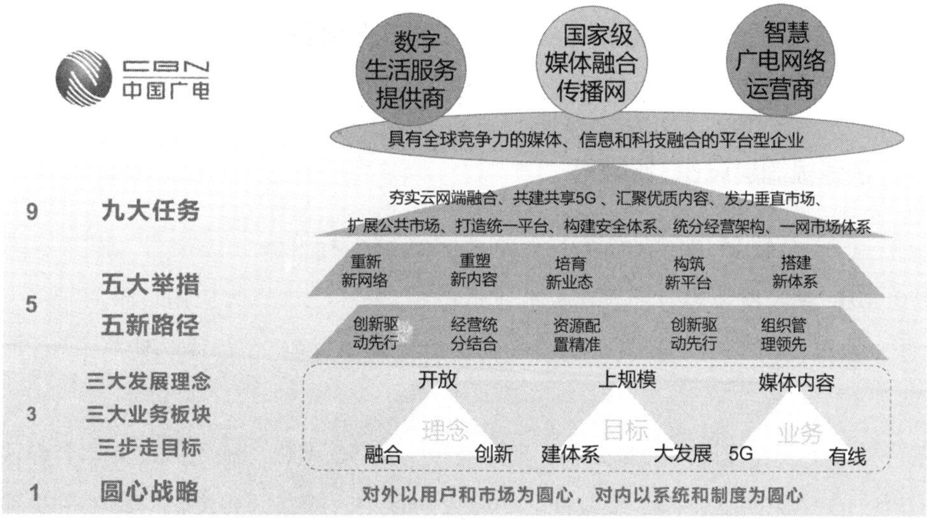

图5-3　中国广电1359战略架构

5.3.2 重点任务

“十四五”时期，中国广电将以“九大任务”为战略举措，落实企业战略。其中，前 5 项重点任务相关内容与“5G+ 广电”融合工作紧密相关。

1. 夯实云网融合网络基石

（1）推进网络升级改造，建成数字文化传播网。统筹推进全国互联互通平台建设，加速完成有线电视网络 IP 化、智能化的改造升级，显著提升全国有线电视网络的承载能力和内容支撑能力。推进有线、无线、卫星网络的有序协同发展，建成适应新时代互联互通、跨网、跨屏、跨终端的多功能国家数字文化传播网。

（2）统筹规划数据中心和智慧广电媒体融合云建设。引导大型和超大型数据中心优先在气候寒冷、能源充足、自然灾害较少的地区部署，引导中小型数据中心优先在靠近用户、能源获取便利的地区，围绕市场需求灵活部署。并依托数据中心资源，统筹建设“国家 + 省级 + 地市 + 边缘”多级分布式架构的智慧广电媒体融合云，打通广播电视网、广电宽带网和广电 5G 网，实现网络互联互通、协同共享、实时监控和负载分担。

2. 快速极简建设5G新网络

（1）构建轻资产极简架构。选择最新国际标准和先进技术，发挥自有 700MHz 频段覆盖广、部署快、成本低的特点，以 5G 三大应用场景为导向，选择独立组网（SA）模式，建设一张极简化的 5G 网络，尽快实现广电 5G 网络的全国覆盖。

（2）快速建设“共建共享，薄中有厚”的 5G 网络。利用共建共享合作伙伴的 5G 中频网络资源，争取低、中频联合覆盖，构建一张覆盖全国的先进公众 5G 网络。

（3）逐步推进室内和热点区域 5G 网络深度覆盖。共建共享 3.3 ～3.4GHz

频段 5G 室内深度覆盖网络。对工业互联网、文化物联网等要求高容量、高纵深区域使用 4.9G 频段进行热点覆盖，提升网络容量，降低传输时延，推动广电 5G 垂直行业应用。

（4）加强万物互联网络部署。把握能源电力、智慧城市、工业制造、现代农业等重点应用领域，结合垂直行业需求与广电网络设施建设，部署多种物联感知节点。加强物联网平台能力建设，支持海量终端接入，提升大数据运营能力。

3. 提升高新内容供给，创新内容服务方式

（1）以高新视听筑底，提升内容供给品质。做好内容的聚合者，引入 4K/8K、互动视频、VR/AR/MR 视频、云游戏等高新视听内容；规划高新视听内容在特色电商、公益众筹、金融服务等领域的应用模式；深化与 OTT、优质新媒体 IP 资源的内容合作；基于台网合作努力推动短视频“拆条”落地应用。

（2）以新兴业态强基，创新内容服务方式。做优质内容的传播者，积极整合国家各类宣传文化资源，打造内容为王的创新业务。开展国家文化物联网建设运营业务，打通互联网环境下文化设施、文化生产、文化消费产业链条，赋能国家文化瑰宝数字化、全息化、全景化呈现。

4. 在公众市场打造“媒体+网络”融合发展模式

全面实施“智慧广电”战略，推进广播电视网与 5G 网络深度融合，实现智能化生产运营、分发传播，形成无处不在、无缝切换、可管可控的全流程数字网络。

积极推动融合媒体业务创新发展，采用“人机交互新设计 + 大小屏结合 + 新技术整合 + 终端优化”的策略，创新 TV 大屏与移动小屏的业务协同模式，提供超高清 4K/8K、虚拟 / 增强现实 VR/AR、物联网等新业务、新业态，满足人们新需求、新期待；聚焦头部应用，以自有内容结合合作内容，共同构建以

大视频、云游戏为核心的泛娱乐应用生态。

5. 深挖垂直领域，融入各类“共生经济体”

（1）明确重点行业布局。重点面向党政、媒体行业需求，加强部署网络覆盖，共同孵化行业解决方案并实施。面向党政客户，开展政务信息、公共安全、应急救灾、便民服务等业务。面向媒体行业，利用有线电视全国一网与广电 5G 网传输链路、相关业务平台，开展 5G+ 直播、节目传输、链路出租、内容分发、版权交易等多元化业务。

（2）完善目标行业合作生态。从圈子、平台和权益 3 方面，建立 ToB 生态合作新体系。联合各地党委政府、设备供应商、相关行业头部合作伙伴，合力打造多赢的产业生态圈。自建或参与行业联盟，增强行业话语权。通过投资并购等手段获取战略客户，构筑合作和发展底座。

（3）切实加强细分行业能力建设。通过集成或被集成的合作模式，提供价值场景解决方案，切入行业生产运营流程，为行业创造价值并获取回报。构建从市场选择、需求分析、方案开发，到生态合作、关键验证和商业闭环的全新生态，借助合作伙伴优势资源，提升整体拓展和运营能力。

（4）聚焦商用标杆，构建新模式。聚焦媒体内容、智慧电力、远程医疗、在线教育、交通运输、智能制造、智慧城市和应急管理等诸多领域，甄选 6 ～ 10 个重大项目。面向商用，聚焦投入，至少形成 3 ～5 个可复制的商用标杆。面向长期服务收费、合作多赢，形成商业模式新标准。

此外，战略纲要对重点任务的部署还涉及统一运营支撑平台、统分结合的运营架构、安全可控体系、统一市场体系等方面。

附录：5G 基础词汇

1. eMBB

eMBB（Enhanced Mobile Broadband），即增强移动宽带，这是 5G 三大应用场景之一，针对的是大流量移动宽带业务，比如超高清视频、虚拟现实、增强现实等。

2. URLLC

URLLC（Ultra-reliable and Low Latency Communications），即高可靠和低时延通信，是 5G 三大应用场景之一，特点是高可靠、超低时延、极高的可用性，主要包括工业应用和控制、交通安全和控制、远程制造、远程培训、远程手术等场景应用。

3. mMTC

mMTC（massive Machine Type Communication），即海量类机器通信，是 5G 三大应用场景之一，其追求更多用户及更低功耗，主要用于物联网，支持海量的物联网终端。

4. NSA和SA

NSA，Non-Standalone，即非独立组网。SA，Standalone，即独立组网。不管是 2G、3G 还是 4G、5G，移动通信网络架构都包括无线网－承载网－核心网的三级网络架构。NSA 方式是融合现有 4G 基站和网络架构，被认为是过渡方案，成本较低，建设周期短。而 SA 方式则是新建 5G 基站和 5G 核心网。

5. NR

NR（New Radio），即新空口。无线通信技术当中，“空中接口”定义了终端设备与网络设备之间的电波连接的技术规范，使无线通信像有线通信一样可靠。所谓“新空口”，就是指为 5G 开发的全新空中无线接口。

6. QAM

QAM（Quadrature Amplitude Modulation），即正交振幅调制。在移动通信中，若想实现数字比特到无线电波的“数模转换”，需要使用一项核心技术——数字调制，QAM 就是在 5G 网络中使用的调制方式。

7. Massive MIMO

MIMO（Multiple Input Multiple Output），多进多出，即一个能同时收发多路信号的天线，5G 集成了非常多的独立收发单元，所以又出现了 Massive MIMO 天线。

8. BBU

5G 基站主设备，主要由 BBU 和 AAU 组成。BBU（Building Baseband Unit）是指室内基带处理单元，负责基带数字信号处理，BBU 的功率比较稳定，不受业务负荷增大的影响。

9. AAU

AAU（Active Antenna Unit），即有源天线单元，主要是将基带数字信号转换成模拟信号，然后调制成高频射频信号，再通过功放单元放大功率，最后通过天线发射出去，随着负荷的增加，其功耗也大幅增加。

10. CPE

CPE（Customer Premise Equipment），即客户前置设备，是一种接收移动信号并以无线 Wi-Fi 信号转发出来的移动信号接入设备，它也是一种将高速 4G 或者 5G 信号转换成 Wi-Fi 信号的设备，可支持同时上网的移动终端数量也较多。CPE 可大量应用于农村、城镇、医院、工厂、小区等无线网络接入，能节省铺设有线网络的费用。

11. 网络切片

网络切片是一种按需组网的方式，可以让运营商在统一的基础设施上分离出多个虚拟的端到端网络，每个网络切片从无线接入网、承载网再到核心网上进行逻辑隔离，以适配各种类型的应用。一个网络切片至少可分为无线网子切片、承载网子切片和核心网子切片 3 部分。

12. NFV

NFV（Network Functions Virtualization），即网络功能虚拟化，利用虚拟化技术，将网络节点阶层的功能分割成几个功能区块，分别以软件方式实现，不再局限于硬件架构。网络切片技术的核心就是 NFV（网络功能虚拟化），通过 NFV 从传统网络中分离出硬件和软件部分，硬件由统一的服务器部署，软件由不同的网络功能（NF）承担，从而满足灵活组装业务的需求。

13. 波束赋形

波束赋形（Beamforming）又称为波束成型、空域滤波，是一种使用传感器阵列定向发送和接收信号的信号处理技术。波束赋形技术通过调整相位阵列的基本单元的参数，使得某些角度的信号获得相长干涉，而另一些角度的信号获得相消干涉。波束赋形既可以用于信号发射端，又可以用于信号接收端。

14. TDM

TDM （Time Division Multiplexing），即时分复用，这种技术可以在相同的频率资源上，使用不同的时间为不同的用户传输数据。

15. FDM

FDM （Frequency Division Multiplexing），即频分复用，这种技术通过在不同的频率上传输不同用户的数据，来实现用户数据的区分传输。

16. CDM

CDM（Code Division Multiplexing），即码分复用，这种技术使用相互正交的地址码来传输不同用户的数据，从而实现不同用户数据可以同时、同频传输。

17. OFDM

OFDM（Orthogonal Frequency Division Multiplexing），即正交频分复用，这种技术通过将不同用户的数据转换成互相正交的载波来传输，大大提升了频带的利用效率，使得数据传输速率得到大幅提升。

18. 时分双工

时分双工是一种通信系统的双工方式，在移动通信系统中用于分离接收与传送信道。TDD（Time Division Duplexing），即时分双工，是按时间来分离上行和下行信道；FDD（Frequency Division Duplexing），即频分双工，是按频率来区分上行和下行信道。

19. IDC

IDC（Internet Data Center），即互联网数据中心，是利用已有的互联网通信线路、带宽资源，建立标准化的电信专业级机房环境，为企业、政府提供服务器托管、租用及相关增值等方面的全方位服务。

20. CDN

CDN（Content Delivery Network），即内容分发网络，是构建在现有网络基础之上的智能虚拟网络，依靠部署在各地的边缘服务器，通过中心平台的负载均衡、内容分发、调度等功能模块，使用户就近获取所需内容，降低网络拥塞，提高用户访问响应速度和命中率。

后记

5G对于每一个深处社会、深处“广电＋通信”领域的人来说，都是一个机遇。

“常话短说”起初是广电行业第一深度自媒体，但是随着广电业务边界的拓展，自身定位的升级，我们也在顺应这种改变，不再单一局限于原有的局、台、网，开始向通信领域延伸。一方面，我们希望和大家一起不断学习成长，打破认知边界；另一方面，我们希望所发表的文章能够给行业从业者带来启发，让他们能够在转型升级的道路上走得更顺畅一点。所以，“常话短说”现在的定位是广电＋通信深度自媒体，这是我们顺应5G发展所做出的改变。

当然，跨界和打破边界并不容易。我们必须付出一倍的努力才能赶上对方一半的收获，甚至在付出的同时还要遭受周边各种质疑和讽刺的声音，但是请不要放弃，我们的付出一定值得拥有今后的美好。

《御风前行：广电5G融合之路》这本书的初心是希望能够帮助广电人更好地向5G时代融合发展，在真正投身5G建设时能够少走一点弯路。由于5G涉及内容特别多，篇幅有限，一本书可能无法帮助大家完全读懂5G，书中的内容也有一些局限性，不完善之处，请各位读者批评指正。

非常感谢李小芳、林起劲、朱文强、程雪娇、安锐等人对本书编辑工作做出的努力以及业界朋友提出的建议和意见，也由衷感谢出版社各位老师的辛苦工作。

“常话短说”将继续做好尖锐洞察的连接者，见证、记录、解析广电5G发展。我们始终相信：今天愿意在未知领域弯腰，未来才会在已知领域奔跑。

参考文献

[1] 王映民.5G 传输关键技术 [M]. 北京：电子工业出版社，2017（2）.

[2] 汪丁鼎.5G 无线网络技术与规划设计 [M]. 北京：人民邮电出版社，2019（12）.

[3] 刘毅，刘红梅，张阳，郭宝 . 深入浅出 5G 移动通信 [M]. 北京：机械工业出版社，2019（3）.

[4] 翟尤，谢呼.5G 社会 [M]. 北京：电子工业出版社，2019（10）.

[5] 苏秉华，吴红辉.5G 应用从入门到精通 [M]. 北京：化学工业出版社，2020（5）.

[6] 盘和林，贾胜斌，张宗泽. 5G 新产业：商业与社会的创新机遇 [M]. 北京：中国人民大学出版社，2020（5）.

[7] 祝刚. 果壳中的 5G[M]. 北京：人民邮电出版社，2020（5）.

[8] 安福双. 互联网下一站：5G 与 AR/VR 的融合 [M]. 北京：电子工业出版社，2020（6）.